U0594272

数学文化融入
高职数学教学的研究与实践

谢金云 ◎ 著

吉林出版集团股份有限公司

图书在版编目（CIP）数据

数学文化融入高职数学教学的研究与实践 ／ 谢金云
著．— 长春：吉林出版集团股份有限公司，2021.9
ISBN 978-7-5731-0466-3

Ⅰ．①数… Ⅱ．①谢… Ⅲ．①高等数学－教学研究－
高等职业教育 Ⅳ．① 013

中国版本图书馆 CIP 数据核字（2021）第 192249 号

数学文化融入高职数学教学的研究与实践

著　　者	谢金云	
责任编辑	陈瑞瑞	
封面设计	林　吉	
开　　本	787mm×1092mm	1/16
字　　数	250 千	
印　　张	11.25	
版　　次	2021 年 11 月第 1 版	
印　　次	2021 年 11 月第 1 次印刷	
出版发行	吉林出版集团股份有限公司	
电　　话	总编办：010-63109269	
	发行部：010-63109269	
印　　刷	北京宝莲鸿图科技有限公司	

ISBN 978-7-5731-0466-3　　　　　　　　　　定价：78.00 元

前　言

　　数学文化是数学知识形成过程中的不断沉淀，是人们在生产、生活实践中所形成的思想、精神、方法、观点、语言，以及在数学知识的形成和发展中所形成的数学家的趣事逸闻、数学著作、数学史、数学教育以及数学发展中与社会和各种文化的关系等等。如古希腊和文艺复兴时期，柏拉图和达·芬奇等数学文化名人、探索数学世界所留下来的故事以及数学知识至今对于人们的生活和数学教育产生了巨大的影响。

　　数学文化对于现代文明的发展以及社会的进步具有重要作用，是一个民族和国家文化进步程度的重要反映。数学不仅支撑着其他学科的发展，而且教会人们要有追求真理的精神，这种精神对于所有人都是极有价值的。随着社会的发展以及对于高职人才培养的要求不断提升，要求高职数学教学不仅仅局限于对学生数学知识的培养，更重要的是对学生人文素养、数学能力等综合素养的提升。

　　本书对数学文化融入高职数学教学进行详细的研究与实践，首先概述了数学文化，其次分析了数学文化的研究层面、数学文化研究与数学素质教育、高职数学课程的文化点，最后详细阐述了数学文化研究与高职数学教育、哲学文化思想在高职数学课程中的体现及案例、教师职业能力竞赛与高职数学教师职业能力发展等相关内容。

　　本书在撰写过程中，参考和借鉴了一些知名学者的著作和论述，在此向他们表以诚挚的感谢。另外，著作中难免存在纰漏之处，恳请老师、同仁斧正。

编者

目　录

第一章　数学文化概述

近几十年来，数学在科学和社会生活中的重要性日益增加，应用领域不断扩大。人们不仅从数学思想、方法的角度，而且从文化的角度领略数学的全貌和魅力，数学是人类文化的重要组成部分已逐渐成为人们的共识。数学教育界对"数学文化"的关注更是前所未有，不仅教育部出版的《普通高中数学课程标准（实验）》把数学探究、数学建模、数学文化列为高中数学的教学内容，数学新课程实验教材各学段都渗透了数学文化，要求体现数学的文化价值；而且目前全国多所高等师范院校、综合性大学的数学专业及公共选修课，都在以不同形式开设"数学文化"选修课，并以此作为大学生素质培养的一个手段（顾沛，2009）。在对数学教育中的数学文化展开全面探讨之前，有必要对数学文化作全面的评介与梳理。

第一节　文化与数学文化的含义

一、文化的含义

谈到数学文化，就涉及一个如何界定文化的问题，虽然这个问题颇棘手，但它是本书不可或缺的内容。文化，是一个内涵丰富、外延广泛、意义宏大的词语。英语中"文化"一词源于拉丁语，其本意为耕耘、培育等；后衍生为"耕耘智慧""精神耕耘""智力培育"等。在西方社会，当代人将"文化"宽泛地定义为包括人类创造的一切精神与物质财富；而民众的通俗用语中，将简单的学习识字叫作学文化，或将一般知识水准叫作文化水平等。在中国古代，文化的本义是指"以文化人"，即使用非武力的方式来征服、教化民众。而激化之滥觞，则始于神农、黄帝教民用火熟食、种植谷物，进而识数、知阴阳。这与拉丁语的（文化）相通，其所指"耕作、修理、收拾、修整"，兼具教养与养殖栽培两义。体现出世界各古文明地区同以"农业"为教养之始、人兽之界的观点。

文化似乎是一个无法定义的原始概念。大家都在使用这个词，却并没有就其准确的含义达成一致。在本质上，文化是一种传统与历史积淀的东西，是一种思想惯性的产物，是某个社会集团共同拥有的"集体性"的观念、思维和行为方式。某种文化的特征在于其有别于其他文化独特的符号系统。从这个意义上讲，是差异与不同造就了文化。也是在不同之中，文化响起了兴盛的号角或落下衰亡的帷幕。

文化本身无对与错、好与坏的固有属性。但在文化比较中，在具体的历史境遇中，不同文化会显现其在实践效果中的优与劣。比如两种文化相遇时，一种文化被另一种文化同化。因此，文化也可以按照某种标准划分，比如科学文化与人文文化；先进文化和落后文化；物质文化和精神文化。

自 20 世纪以来，特别是第二次世界大战以来，文化一直是世界范围内探讨的热门话题，许多研究者从自己所属学科的研究对象出发，对文化的定义提出了各自的界说。文化的概念众说纷纭，可以从不同的视角和维度来建构，总体来说有狭义和广义之分。狭义的文化即观念的文化，是由某种知识、规范、行为准则、价值观等人们精神或观念中的存在构成，是某一人群所共享的、社会承传下来的知识和意义的公共符号体系的理论共识；广义的文化是人们对文化现象最为抽象、最为一般的规定，即文化是与自然相对的概念，它是人类在社会活动（非遗传、非本能的）中创造并保存的内容总和。英国人类学家泰勒（E.B.Tylor，1832—1917）在《原始文化》一书中曾给出文化的经典性定义："文化，乃是包括知识、信仰、艺术、道德、习俗和人所获得的能力和习惯在内的复杂整体。"（Tylor，1992）在现代人类文化学的研究中，关于文化的一个较为流行的定义是：指由某种因素（居住地域、民族性、职业等）联系起来的各个群体所特有的行为、观念和态度等，也即是指各个群体所特有的"生活（行为）方式"（郑毓信等，2000）。1952 年，美国人类学家克鲁伯（A.L.Kroeber）和克拉克洪（C.Kluckhohn）在他们的合著中说，从 1871 年到 1951 年的 80 年间，关于文化的定义就有 160 余种，他们还将这些定义归纳为如下六种类型（A.L.Kroeberetal，1952）：

（1）描述性定义。认为文化是包括知识、信仰、艺术、道德、法律及习俗等的复杂整体。

（2）历史性定义。认为文化是人类一代又一代相传、积累而成的社会性遗产的总和。

（3）规范性定义。认为文化是一种生活和行为方式，提供模型、风格和准则。

（4）心理性定义。认为文化是一种学习过程。学习对象包括传统的谋生方式和反应方式，以其有效性而为社会成员所普遍接受。

（5）结构性定义。认为文化是概括各种外显或内隐行为模式的概念。文化的基本内核来自传统，其中价值观念最为重要。文化是人类的创造物，又是制约、限制人类活动的重要因素。

（6）遗传性定义。主要关心文化的来源、存在及其继续生存的原因等。

在此基础上提出了他们的文化定义：文化是由外显的和内隐的行为模式构成；这种行为模式通过象征符号而获得和传递；文化代表了人类群体的显著成就，包括它们在人造器物中的体现；文化的核心部分是传统（即历史地获得和选择的）观念，尤其是它们所拥有的价值；文化体系一方面可以看作是活动的产物，另一方面则是进一步活动的决定因素（傅铿，1990）。这一综合定义为许多西方学者所认可，具有广泛影响。

目前有关文化定义已有三百余种。文化一词的复杂多义，使得一些人对界说文化丧失了信心，认为"企图或者声称给文化概念确定范围是徒然的""要想建立一个适用于任何地方的任何事例，并能解释它的过去与预测未来的概括性结论是徒劳的。但是，没有概念，就没有科学研究，只有确定了文化质的规定性，才能确定文化学及其分支学科的研究范围，并依次定义其他一系列概念。由于文化概念的形成以人类活动本身为基础，各个国家、各个民族、各个时期的文化特征表现各异，人们对文化的内涵和外延存在着不同的理解，因而对文化的定义不尽相同。但他们的论述都与各人所处的文化环境、所从事的文化实践和分析的文化事实交织在一起，是从不同角度和不同层面对界定文化所进行的探讨，大多共同揭示了文化的如下特征"（郑金洲，2000）。

文化为人类所特有。无论是文化概念产生以前有关文化的思想，还是近代以后的诸多文化理论，几乎都把文化看作人类特有的现象，把它看作人区别于动物的主要标志。

文化是人后天习得和创造的。文化并非与生俱来，得之于天，它是人在后天社会环境中经由学习和创造而得来的，并且主要是"一定社会形态下的自由的精神生产"。

文化为一定社会群体所共有。某一个体后天习得和创造的思想、观念等，只有在他人接受后，才能称之为文化。换言之，文化是"类的存在物"，是人类"类"的生活的结果。

文化是复杂的整合体。自从泰勒最先提出"文化或文明是一个复杂的整体"这一定义后（Tylor，1992），虽然后来的社会学家、人类学家对此有所修正，但并未超出把文化看成是一个复杂的整体的基本观念。文化固然包含众多的不同形态的类别，然而它们并非杂乱无章的集合，就整体而言，是互相整合为一的。

在中国现代史上一些有影响的学者如梁漱溟、钱穆、蔡元培、梁启超、胡适等对文化的概念也有过各自的解释。梁漱溟说："你且看文化是什么东西呢？不过是那一民族的生活样式罢了。文化，就是吾人生活依靠的一切。"（梁漱溟，1996）他和钱穆的说法很相似。钱穆认为："文化必由人类生活开始，没有人生，就没有文化。文化即是人类生活之大整体，汇集起人类生活之全体即是文化。"（钱穆，1963）蔡元培说："文化是人生发展的状况。"胡适说："文明是一个民族应付他的环境的总成绩，文化是一种文明所形成的生活方式。"（方延明，2001）

张岱年与程宜山给文化的定义则更为全面。他们认为："文化是人类在处理人与人世界关系中所采取的精神活动与实践活动的方式及其所创造出来的物质和精神成果的总和，是生活方式与活动成果的辩证统一。"（张岱年等，1990）

我国权威辞书《辞海》对文化概念的解释是：文化从广义来说，指人类社会历史实践过程中所创造的物质财富和精神财富的总和；狭义来说，指社会的意识形态，以及与之相适应的制度和组织机构。（《辞海》，1980）

对于文化的研究可以从不同学科、不同层次、不同视角去考察、归纳，因而在近几十年的文化研究中，对文化概念的解释仍在不断地增加。由此可见，对文化概念的准确定义是困难的，但以上简要的阐述使我们对文化的定义有了初步的了解。文化学研究的历史表明，文化是人类社会最复杂的现象之一，对文化的理解存在着多样性和复杂性。但是其中也有共识：第一，文化具有人化的特征，是人在现实生活中创造的，具有一定的主观性、多元性和历史继承性。第二，文化是一个庞大的系统，它不是上述各种定义中各个文化层面、文化要素的简单拼合，而是一个和谐有机的整体，存在其特有的核心——传统观念，尤其是价值系统。第三，文化作为一个系统，有其构成要素，且不同的文化观对应不同的文化要素。

那么，究竟如何理解文化概念的基本含义呢？笔者认为可以从文化特征、文化系统、文化要素三个方面来理解。诸如，文化具有人化的特征，文化是一个庞大的系统，文化由若干要素构成。美国人类学家怀特（White，1900—1975）就认为任何一种文化都有三个方面的要素或三个不同的层次：

（1）文化的心理要素，也是文化的精神观念层面，一般称为精神文化，它包括思维方式、思想观念、科学意识等。

（2）文化的行为要素，也是文化的行为方式层面，一般称为行为文化，它包括规范、风俗、习惯、生活制度等。

（3）文化的物质要素，也是文化的实体层面，一般称为物质文化，它包括各种生产工具、生活用具，以及其他物质产品。（White，1998）

综上，文化从广义上说是人类一切物质和精神的积淀，其中包括衣食住行等一系列可见的存在。但文化中更为复杂而且具有决定作用的部分则在它的深层，即观念、理想、信仰、价值、假说和思维方式等蕴含的成分，这些成分不仅指导着人的行为，而且影响着人的世界观。

二、数学文化的含义

数学作为一种文化现象，历来受到人们的重视，但数学文化作为一种特殊的文化形态，直到20世纪下半叶，才由美国数学史学家克莱因（M.Kline，1908—1992）在其三本力作——《西方文化中的数学》《古今数学思想》和《数学——确定性的丧失》中（从人类文化发展史的角度）进行了比较系统而深刻的阐述。特别是1953年出版的《西方文化中的数学》一书，标志着"数学文化"这一学科的正式兴起。克莱因从数学发展与文化发展的角度着手，经过多年潜心研究，系统地阐述了数学在人类文化中的作用。该书自1953年出版后，多次再版印刷，畅销不衰。

《科学美国人》杂志称它是"一部激动人心、引人深思的著作。美国数学家柯朗（R.Courant，1888—1972）在该书序中写道："长期以来，我对克莱因教授在这本书中所做的工作怀有浓厚的兴趣，我相信，事实将证明这本书的价值，而且该书必将使那些还没有欣赏到数学全貌和魅力的人进一步了解它，应该说在数学文化的发展进程中，这部著作指明了一个全新的方向，开辟了一个全新的领域。"

1950 年在第 11 届国际数学家大会（ICM—11，美国坎布里奇）上，美国数学家、曾任美国数学会主席的怀尔德（R.L.Wilder，1896—1982）发表了题为《数学的文化基础》的讲演，更使数学文化受到了广泛的重视和关注。1981 年，他出版了《作为一种文化系统的数学》，在数学文化的发展进程中，这部著作具有相当重要的意义。其中提到数学文化的发展已经达到了一个较高的水平，并可被认为构成了一个相对独立的文化系统。我国的一些学者在了解国外的有关研究的基础上，也对数学文化进行了深入的研究，并提出了独到的见解。国内最早注意数学文化的是北京大学的孙小礼，她与邓东皋等合编了《数学与文化》一书。其后，齐民友、张奠宙、郑毓信、张楚廷、黄秦安、张维忠与王宪昌等从不同的角度对"数学文化"进行了论述。近年来，数学文化及其相关研究得到了极大发展，对此，一些学者还作了定性与定量的述评。（肖光强等，2009）

（一）数学文化的含义

1. 数学的文化意义

为什么说数学是一种文化？或者数学在何种意义上说是一种文化？英国哲学家兼数学家罗素（B.Russell，1872—1970）、怀特海（A.N.Whitehead，1861—1947）等人在早期的哲学研究中，经过充分的论证已使人们确信，数学已在方法、价值判断标准、研究对象诸方面成为一种独立的文化。他们指出，数学作为一种人类文化有机组成部分的独立文化，在数学的两个黄金时代——古希腊时期和 17 至 18 世纪，是不言而喻的。罗素以其对数学的精辟见解，以他所创立的逻辑主义学派对数学基础的影响，大大丰富了数学文化。怀特海则不仅如此，他对数学文化的影响还在于他的两次讲演：《作为思想史要素之一的数学》（1925 年）、《数学与善》（1939 年）。他的下述观点为数学文化定下了基调，指出了数学文化研究的出发点："纯粹数学这门科学在近代的发展，可以说是人类心灵最富有创造性的产物。另外还有一个可以和它争这一席位的就是音乐。……数学的创造性就在于，事物在这一门科学中显示出一种关系，这种关系不通过人类理性的作用，便极不容易看出来。人类的智力能从实例中抽象出某一类型东西来，人类这个特性的最明显的表现就是数学概念和善的理念，这种概念和理念超出了任何直接的认识……""如果文明继续发展，那么在今后两千年，人类思想中压倒一切的新特点，就是数学悟性要占统治地位。"

国内众多学者给出了如下回答。

第一，数学对象的人为性。从数学的研究对象来看，它并非对客观事物或现象量性特性的直接研究，而是通过建构相对独立的"模式"，并以此为直接对象来进行研究，它是人类抽象思维的产物。因此，在这一意义上，数学就是一种文化。更为重要的是，数学中还有一些概念与真实世界的距离是如此遥远，以至常常被说成是"思维的自由创造"，如几何中的"直线"这一概念，它并不是指拉直的绳子，也不是用直尺画出来的一条直线，在现实生活中我们找不到它的原型，它是一条经过两点、在空间中无限延伸的线，只能存在于我们的观念中、想象中。这也更为清楚地表明了数学的文化性质。也就是说，数学作为一种量化模式，显然是描述客观世界的，相对于认识主体而言，它具有明显的客观性。比如，自然数的算术毕竟是 2+3=5，而不是 2+3=6，数学家不可不受任何限制地随意约定。在肯定数学对象的这种"客观性"的同时，我们确认，数学的直接对象并不是自然界本身的现实原型，而是经过大脑思维进行人为创造出的抽象模式。例如数、式、形、算子等，都不是自然界的客观实在物，而是数学家在长期实践中创造出来的。数学命题的真实性也并不等于物理的可能性，从这种意义上说，数学是发明出来的。如果说将文化理解成与自然相对的概念，它是指通过人的活动对自然状态进行变革而创造的成果，即一切非自然的、由人类所创造的事物或对象，那么数学对象的人为性就决定了数学的文化意义。

第二，数学活动的整体性。这主要体现在两方面：一是数学家构成的数学共同体。不可否认，数学家的研究活动有个体性成分，但它必须符合数学研究的共同规范或准则，只有这样，个体的工作才有可能得到数学共同体的承认，在共同体内才能广泛地交流和互相促进。二是数学内容的系统性。数学好似一棵枝繁叶茂的大树，分支众多，但又是一个和谐的整体。

第三，数学发展的历史性。在数学活动中的整体性意义上可构成数学传统，数学传统反映着数学的历史性，而历史性则是文化的一个重要特征。数学活动只能是在数学传统的继承与变革中求得发展。先人创造的数学知识对于后人来说，确是一种文化。因为文化的实质是人的非遗传信息，特别是体外信息。人类的数学知识是非遗传性的体外信息，只有通过学习才能获得。

数学发展具有历史继承性从历史的角度看，数学最初只是作为整个人类文化的一个部分得到了发展；然而，随着数学本身与整个人类文明的进步……数学文化的发展已经达到了一个较高的水平，并可被认为构成了一个相对独立的文化系统。但是，不管它发展到怎样的程度，都离不开历史的积淀过程，因而数学传统的不断变革及数学知识的延续性，可以看成是数学发展的重要特点，这一特点也是数学之所以成为文化的一个重要特征。

第四，数学是一种特殊的语言。现代符号学有个重要命题："文化是语言（一类的东西）"。语言是人类交流思想、沟通信息的载体。数学具有自己独一无二的语言系统即数学语言，它是大容量具有发达符号系统的语言体系。数学语言具有准确、精练的特点，这正是数学科学揭示描述方法定量化和思维方法逻辑化的直接反映。它既可以避免日常语言可能引起的混乱，也可以简化思维步骤，有助于形式化推理论证。数学语言的现代发展是计算机和人工智能得以产生的重要基础。

第五，数学的精神品位。狭义的文化是指社会意识形态或观念形态，即人们精神生活领域。数学除了在科学技术方面的应用外，同样具有精神领域的功效，以至有人认为"数学是理性的艺术"，的确，数学和艺术有许多相通之处和共同之处。例如，音乐中的五线谱，绘画中的线条结构等，都是用抽象的符号语言来表达内容。难怪有人说，数学是理性的音乐，音乐是感性的数学。

第六，文化建构中的数学成分。在诸类文化建构过程中，都不同程度地交融了数学成分，如数学理性对古希腊文化的重大影响，就西方文化传统而论，这种痕迹尤为明显。从我国西安半坡出土的陶片上的符号看，最晚在半坡时代就已经有了数学符号，而殷商时代形成的甲骨文汉字系统中就包括数目字，你能说数目字和殷商文化不是一个系统吗？显然，中国古代数学对中华文化起了重要作用。

2. 数学文化的基本内涵

在确认数学是一种文化之后，应进一步理解数学文化的丰富内涵。究竟什么是数学文化，可以说目前没有统一的定义。这不仅因为文化的含义很复杂，数学的含义也具有历史性和不确定性。在数学发展的不同时期，人们给数学赋予了许多种定义。古希腊哲学家亚里士多德（Aristotle，前384—前322）将数学定义为"量的科学"，这里的"量"的含义是模糊的，但已经蕴含着对"数"与"形"的概括；19世纪，德国哲学家、马克思主义的创始人恩格斯（F.Engels，1820—1895）认为，"纯数学的对象是现实世界的空间形式和数量关系"，空间形式和数量关系都是对现实世界抽象的结果。20世纪中期，人们根据现代数学发展的特征，将数学概括为"各种变化着的量的关系和相互联系的科学"，这一定义中的"量"不仅包括现实世界的各种空间形式和数量关系，也包括抽象的高维空间、无穷维空间、群、域、算子等一切可能的空间形式和数量关系。到20世纪80年代，数学又定义为关于"模式"的科学，这里的"模式"有极广泛的内涵，包括数的模式、形的模式、运动与变化的模式、推理的模式、行为的模式等，但也都是抽象的产物。数学研究的对象随数学的发展而不断变化，人们对数学内涵与本质的理解也在不断深化。但无论是哪一时期的哪种定义以及定义背后的隐喻，都反映了：数学是人类以其深刻而独特的思想不断地对现实世界进行的高层次抽象的一种创造活动。这或许就是数学的本质。而从这个意义上说，数学活动体现了人类精神创造的静态结果和动态过程。综上所述，李铁安认为，从文化的本质和数学的本质来看，数学就是一种文化。数学文化是人类在数学活动中所积累的精神创造的静态结果和所表现的动态过程。其中静态结果包括数学概念、知识、思想、方法等自身存在形式中真、善、美的客观因素；动态过程包括数学家的信念品质、价值判断、审美追求、思维过程等深层的思想创造因素。而静态结果和动态过程以及它们所包含的各个因素之间的交互作用，构成了庞大的数学文化系统。

台湾地区的作家龙应台关于文化曾这样说："什么是文化？它是随便一个人迎面走来，他的举手投足，他的一颦一笑，他的整体气质。他走过一棵树，树枝低垂，他是随手把枝折断丢弃，还是弯身而过？一只满身是癞的流浪狗走近他，他是怜悯地避开，还是一脚踢过去？电梯门打开，他是谦恭地让人，还是霸道地把别人挤开？……"文化其实体现在一个人如何对待他人、对待自己、对待自己所处的自然环境。于是，我们可以类似地用比较通俗的语言来谈数学文化。当你看到一个数学定理的时候，你会浮现出古人的身影，产生敬畏之心吗？在你思考问题的时候，你是否关注它的数量是常量还是变量？在打开一本书，里面有一行行的符号，你立刻就丢掉不看了，还是不怕符号？在一连串的变换之后问题得解，你会由衷地感叹数学之美吗？在律师叙述理由的时候，你会觉察理由是否充分？是否必要？在碰到一桩随机事件，如购买彩票，你会习惯性地看看中奖的概率有多少吗？你能够欣赏"指数爆炸""直线上升""事业坐标""人生轨迹"这样的语言吗？

刘朝晖根据英国社会人类学家马林诺夫斯基（B.K.Malinowski，1884—1942）的文化层次理解，认为数学文化的基本内涵主要包含以下几方面（刘朝晖，2009）：（1）物质形态。人类在探索数学世界的过程中必须借助一定的工具和设备。例如，语言、符号、印刷、通信设备、计算机及网络等。它们既是数学文化发展的工具，也是数学文化传播的手段，它们使数学文化以物质的形态对人类生产和生活方式产生影响。（2）精神形态。数学中也蕴含着数学家的道德观念、情感态度、内心信念和价值体系，而且数学本身也蕴含着理性精神。例如，客观、公正、理智、追求完美等。（3）知识形态。人类在探索数学世界的过程中，建立了数学概念，发现了数学规律，构建了数学理论，并用专门的语言和符号表达出来。这就构成了一个综合的数学知识系统。这是人类认识世界的数学劳动与智慧的结晶，是数学文化的知识形态。（4）组织形态。人们在从事数学活动的过程中构成了一个特殊的群体——数学共同体，这个共同体包括一切从事与数学相关的活动的社会群体及其活动和活动方式。例如，从事数学研究的科研人员、技术人员，数学教育工作者和数学文化的学习者，如此广泛的社会群体及其活动，是数学文化存在与发展的根本保证。从整体上看，数学文化的四个层次原本是相互联系、不可分割的，只是为了便于分析，我们才把它们分离开来。

有些学者认为，笼统地说，数学文化就是指从文化这样一个特殊的视角对数学所作的分析。为什么要用数学文化这种称谓呢？我们的理由是：文化这一概念是能在最广泛意义下表达人类在社会历史实践过程中所有精神创造与物质成果的词汇，同时文化也是最能概括一门知识的历史嬗变性质以及固有不同传统的术语。数学文化的概念不仅能够描述整个社会数学化的外在结构，而且能深刻地表现数学的人性特征。由于文化是人创造的，因此数学文化从一开始就立足于人类创造，把人作为整个数学文化价值的评判者（殷启正，2001）。数学文化内涵的多变性是其历史演化进程中一个值得注意的现象。从历史角度看，数学最初只是作为整个人类文化的一部分得到了发展；然而，随着数学本身及整个人类文明的进步，数学又逐渐表现出了相对的独立性，尤其是获得了特殊的发展动力——内驱动力，并表现出了特有的发展规律。有些学者认为，现代数学文化已经处于人类文化发展的较高阶段，并构成了一个相对独立的文化系统或者说文化子系统。如怀尔德就是数学文化研究的重要倡导者，他在《数学概念的演化，一个初步的研究》一书中，提出了关于数学发展的 11 个动力和 10 条规律（Wilder，1968）。另外，他在《作为文化系统的数学》一书中又提出了关于数学发展的23条规律（Wilder，1981）。他的这些论述是对"文化子系统"论的有力支持。

美国数学史家克莱因也认为数学作为现代文明的一个有机组成部分，与现代文化之间有非常密切的联系，并且数学在使人赏心悦目和提供审美价值方面，至少可以与其他任何一种文化门类媲美。（Kline，2004）澳大利亚数学教育家毕晓普（J.Bishop）用人类学跨文化的历史文献检索的方法对数学和文化的关系进行了探查，认为数学是一个文化产物：环境和社会因素刺激了数学概念的产生发展；数学也体现了文化的价值观（事实上，整个人类文化催生了数学思想）（Bishop，1991）。另外，"数学是一种文化的观点"在民族数学、多元文化数学的研究中得到了更多的确认。而国内众多学者也专门对此著书立说。

王宪昌从数学史特别是数学文化史研究的视角给出了数学文化的内涵。我们所说的数学文化内涵，或者称之为数学文化的意义，一个重要的方面是指数学拥有的广泛非数学意义的因素，以及这些因素对人类的影响。这里虽然将涉及数学的内容，但是我们的重心并不在于展现数学内部规律的发展，我们要探究的是数学规律和理论结构形成过程中的文化背景以及数学演化定型时对文明所施加的影响。数学文化内涵的研究，一个重要的目标就是要表明数学对民族心理、民族精神所产生的影响，以及数学对各种学科的结构体系所产生的潜在规范意义。这种数学与人类文明之间关系的探讨，在以往是数学史和文化史均未涉及的领域。数学史由于注重数学内部规律的变化而无暇顾及数学作为文化现象对人类文明的意义；文化史的研究则往往由于数学在规律和理论方面的冷僻、枯燥和艰深而很少论及它。不过，今天数学及数学教育所引起的世界范围内的广泛重视，已使这种数学与文化的研究日益摆到日程上来。

有学者从数学文化史研究的视角进一步切入对数学文化的研究，认为数学文化是数学史、数学与文化学、社会学的交叉学科。它的研究涉及民族文化、民族数学史、民族心理，作为一种研究、作为一种教学，它至少应包含三个方面：其一，数学文化的研究应表明，一个民族在数学形成体系（指有一定的加、减、乘、除的规律）时，它具有的形态及形成这种数学形态所产生的数学价值观念（或简称民族的数学文化观），即这个民族认定数学应该发挥的作用，认定数学家来自哪一个群体，数学应该向什么方向发展。其二，数学文化的研究应表明，数学的教育或称之为数学文化传播的途径如何形成，如何在社会中运转，同时还应说明数学对民族文化中各个学科（或称之为文化子系统）产生的影响、作用。其三，数学文化的研究必须进行不同民族数学文化的比较，这应当包括所处文化层面（应用层面、理念层面）的比较、数学家群体的比较、数学价值观念的比较，数学知识、方法、理论结构作用的比较等等。作为中国学者而言，我们现在接受的是完全西方式的数学教育，然而对于数学文化的研究，我们必须对中西古代数学文化、近现代数学文化有一个比较清晰的理解和研究思路、研究结论。数学文化应对民族数学的历史、数学家群体的历史、数学教育的历史给予解释，同时对现在和未来的数学价值观念状况给予说明。遗憾的是，尽管我们已经把数学文化放到了高中的数学教育阶段，但我们非常缺乏这方面的研究成果和可靠的教学内容。

一些学者对数学文化的内涵作了文献综述（蔺云等，2004；蔺云等，2005；陈克胜，2009；杨渭清，2009）。迄今，相对明确地定义"数学文化"内涵的研究结果如下：国外研究"数学文化"通常被翻译为和"Mathem atical Culture"。从结构上来看，前者是偏正结构，可以理解为与数学有关的文化；后者是一种并列结构，凸显的是数学与文化的关系。从大量国外文献中发现，对"数学文化"内涵的理解常常包括两个方面：从文化学看，数学是一种文化；从数学看，文化当中包含数学的成分。怀尔德在《数学的文化基础》的讲稿中，就指出数学家拥有的文化内涵一个共享的带有数学特征的部分，同时他指明了数学有文化的特征（Wilder，1998）。毕晓普在《对数学文化的适应》一书中，指出数学的知识体系通常被认为是唯一的、不变的，而建构这些知识体系的数学思维方式、思维结构在不同的文化是不同的，数学文化主要是研究这些特点各异的思维结构、认知方式，而不是知识体系。1991年，毕晓普在此系列后来的书中说"数学文化"对他来说是"文化视角下的数学"或"数学，一种文化现象"的缩写，但这并不是说整个文化都是数学特征的；只要与怀尔德精英主义的"数学家的亚文化"，以及和布鲁纳（LS.Bruner，1915—）、科尔（MCole）间接提到的中产阶级文化区分开来，那么将数学文化理解为数学的亚文化，或者是文化的数学成分，他都愿意接受（Bishop，1991）。结合前后定义，我们可以看出毕晓普的数学文化包括两部分：一部分是数学的亚文化，即数学知识背后的隐性成分或观念性成分；另一部分是人类文化中的数学成分。

在国内，有学者狭义地将数学活动创造的产品作为数学文化的内容，没有涵盖数学学科外的内容（张乃达，2002）。也有学者广义地认为，"数学文化是一种外延广泛的学科，它涉及多种学科"（方延明，1999）。"在现代意义下，数学文化作为一种基本的文化形态，是属于科学文化范畴的。从系统的观点看，数学文化可以表述为以数学科学体系为核心，以数学的思想、精神、知识、方法、技术、理论等所辐射的相关文化领域为有机组成部分的一个具有强大精神与物质功能的动态系统。其基本要素是数学各个分支领域及与之相关的各种文化对象、各门自然科学、几乎所有的人文社会科学和广泛的社会生活。"（黄秦安，2001）郑毓信进一步指出，首先，数学是一种文化；其次，如果由数学共同体谈及数学文化，那么数学文化就是数学共同体特有的行为、观念和态度，即数学传统；最后，数学文化既是一个独立的系统，又是一个开放的系统（郑毓信，2004）。张楚廷也从广义文化学的角度阐释数学文化。一般地讲，"文化即人类创造的物质文明和精神文明。数学则既是人类精神文明又是物质文明的产物，尤其要关注到，数学是人类精神文明的硕果，数学不仅闪耀着人类智慧的光芒，而且数学也最充分地体现了人类为真理而孜孜以求乃至奋不顾身的精神，以及对美和善的追求。"他指出把数学作为一种文化的数学教育功能是多方面的，它"不仅可以使人变得更富有（知识）、更聪明，而且还可以使人更高大、更高尚，变善、变美"（张楚廷，2001）。

除此还有数学文化的广义与狭义相结合的理解简单的说，数学文化是指数学的思想、精神、方法、观点以及它们的形成和发展；广泛的说，除上述内涵以外，还包含数学家、数学史、数学美、数学教育、数学发展中的人文成分、数学与社会的关系、数学与各种文化的关系，等等（顾沛，2008）。

从上面的各种数学文化定义中可以发现，数学传统始终是数学文化内涵的核心。这也可以从下面的定义中进一步得到佐证：张奠宙认为，数学文化的含义是"在特定的社会历史下，数学团体和个人在从事数学活动时，所显示的民族特征、传统习惯、规则约定，以及思想方法等的总和"。丰富多彩的数学文化，以符号化、逻辑化、形式化的数学体系为载体，隐性地存在着这种观点与毕晓普的数学文化观有相似之处，数学知识不是数学文化的内容，背后隐性存在的观念才是。更明确地说："数学文化是指人类在数学行为活动的过程中所创造的物质产品和精神产品。物质产品是指数学命题、数学方法、数学问题和数学语言等知识性成分；精神产品是指数学思想、数学意识、数学精神和数学美等观念性成分。"

王宪昌认为，数学文化的研究是对数学家群体及整个民族在数学方面的行为、观念、精神等诸方面的文化传统方面的研究，它研究的核心或重点是文化传统即价值观念的分析。换句话说，数学文化是对数学现象背后的文化传统流变的文化分析。另外，孙宏安从文化本身出发，"演绎"出数学文化来。他认为，数学文化是数学相关者在从事数学活动（如研究数学、教授数学、应用数学、学习数学或做数学游戏）时的"内环境"，数学文化是人类适应数学活动的环境与创造数学活动自身及其成果的总和（孙宏安，2007）。

总体来看，众多学者都是从人类的一般文化的角度看数学文化，即数学文化是一般文化在数学上的投影，所以"文化"概念的多义性也导致了数学文化界定的多样性。比如，从文化的广义、狭义来看，有数学文化的狭义观，还有数学文化的广义观。从文化内容的隐性、显性来看，有的学者认为数学文化包括隐性和显性的内容，有的学者则认为数学文化只能隐性地存在。从具体界定视角来看，有的学者从结构分析出发，提出数学文化的"系统论"；有的学者基于文化核心的认识，提出数学文化的"传统观念论"，且具体到个人又稍有不同。比如王宪昌认为数学文化是对数学现象背后的文化传统流变的文化分析，不能把数学史、数学哲学、数学教育的内容错当成了数学文化的研究内容。张奠宙与郑毓信二位却并不排斥将数学史、数学教育等放入数学文化的研究内容。

数学文化内涵界定不一的问题，我们可以将它看作是研究者视角的多元化。而教育本来就是基础的、零散的、田园牧歌式的，因为它面对的是拥有不同个性、特长的人，所以很难像科学那样有量化的"准确"的定义。所以，数学文化内涵不唯一，并不成为数学文化研究的障碍或缺点，相反这恰恰是它对个体丰富性的尊重、对数学文化本质的深刻理解、对数学教学的开放性的把握。

在2003年，教育部颁布的《普通高中数学课程标准（实验）》中，突出强调了数学的文化价值，数学是人类文化的重要组成部分，对数学文化给予了特别重视，要求数学文化贯穿整个高中数学课程并融入教学中（教育部，2003）。但"数学文化"作为一个专有名词，《普通高中数学课程标准（实验）》并未对这一概念作清楚的说明，只是强调了"数学文化价值"，解读了数学文化内涵什么是文化，什么是数学文化，都未作清楚的说明。有学者提出可从课程论的角度来理解"数学文化"的基本含义。数学文化是指人类在数学行为活动的过程中所创造的物质产品和精神产品，物质产品是指数学命题、数学方法、数学问题和数学语言等知识性成分；而精神产品是指数学思想、数学意识、数学精神和数学美等观念性成分（王新民等，2006）。

有些学者提出将数学文化研究区分为学术形态、课程形态和教育形态，可以进一步加深对数学文化的认识（郑强等，2008）。具体地说，学术形态的数学文化来自数学家的群体，是指这个群体在从事数学研究活动中表现出来的优秀品质，而这些优秀品质对人类社会的进步和发展以及人的素质的提高具有重要的作用。学术形态的数学文化是以数学为载体而产生的特殊的人类文化表现形式，是通过对数学本体性知识的"生产"和运用而表现出来的人类文化表现形式。许多研究者提出的数学文化概念都是这一形态的表现，特别是大多数数学家提出的数学文化概念都属于这一范畴。学术形态的数学文化的内涵已成为一些研究者关注的焦点，其研究的视角大致可分为：人类文化学、数学活动、数学史三个维度。这样从数学对象的人为性、数学活动的整体性、数学发展的历史性三个不同层次上指出了数学文化的意义。《全日制义务教育数学课程标准（实验稿）》指出："数学是人类的一种文化，它的内容、思想、方法和语言是现代文明的重要组成部分。"《普通高中数学课程标准（实验）》解读中提到："一般地说，数学文化表现为在数学的起源、发展、完善和应用的过程中体现出的对于人类发展具有重大影响的方面。它既包括对于人的观念、思想和思维方式的一种潜移默化的作用，对于人的思维的训练功能和发展人的创造性思维的功能，也包括在人类认识和发展数学的过程中体现出来的探索和进取的精神和所能达到的崇高境界等。"这些观点都是从数学文化的学术层面提出的。

课程形态的数学文化是反映数学文化研究的成果，它从可操作的实践层面为数学文化教育价值的实现奠定基础；它从哲学的层次，用通俗的语言表达深刻的数学思想观念系统，并以一定的形式呈现给学习者。作为课程形态的数学文化的外延包括以下内容：数学史的知识；反映数学家的求真、求善、求美、勤奋、善于探索等精神的故事；反映数学重要概念的产生、发展过程及其本质；可以向数学应用方向扩展的重要数学概念、数学思想、数学方法，如对称、函数概念、时间与空间、小概率事件等；数学的思维和处理问题的方式；数学对人类社会和经济发展的巨大作用的体现等。由此可见，课程形态的数学文化是把学术形态数学文化的研究成果"吸收"到教育领域来，其根本的目的在于育人，即在于如何把数学中的人文性在育人中发挥作用。

按照社会学家关于文化是一种意义网络的观点，教育形态的数学文化就是将数学学习者社会化到数学文化这一意义网络之中的文化活动。社会化的结果是学生能运用数学语言、数学方法及数学思维与数学的科学态度，在数学文化的意义网络中自由交往，从而逐渐使数学文化所承载的文化精神根植于学习者的头脑和社会整体文化中。教育形态的数学文化重在强调教育的社会化功能，强调从更广泛的传播学的视角来探讨数学文化的本质。

　　当然，数学文化研究的开放性，并不表示对数学文化研究的放任自流。所以，不是任何对数学文化的内涵、外延的解读都是恰当的。笔者持综合辩证的数学文化观：一方面，认为数学文化是一个开放、多元、动态的系统（广义理解），既包括数学学科或科学（数学内部系统）（外显），也包括数学与其他人类文化的互动关系；另一方面，承认数学文化系统的核心成分是数学传统（内隐），即以数学家为主导的数学共同体所特有的行为、观念、态度和精神等，具体包括核心思想（指关于数学本质的总的认识）、规范性成分（指如何去从事数学研究的一些具体规范或准则）、启发性成分（郑毓信，2004）。特别就教育意义而言，笔者赞同孙宏安的观点，即认为数学文化是对数学的文化研究，是从文化学的角度对数学的研究而不是研究作为文化的数学。在此，数学文化是一个开放、多元、动态的系统，其研究领域并不是固定不变的，而是随着研究的深入、展开不断演化的。

　　综上可见，数学文化涉及基本文化领域，包括哲学、艺术、历史、经济、教育、思维科学、政治以及各门自然科学等。黄秦安还进一步从科学也是一种文化的观点给出了数学文化的定义。科学也是一种文化，这一说法并不是要忽视科学与文化的区别，而是要强调科学所具有的文化特征。从文化的视角看科学，我们可以获得更多的关于科学本质的认识。数学是一种文化的说法也是如此。数学文化作为一种科学文化，其科学性决定了不能将其与一般文化等同起来，但也应看到其内涵也并不是完全居于科学的"纯洁性"边界之内的。也正因为数学文化具有的"超越"科学的意义，才使得其概念具有一种"数学科学"难以完全囊括的价值。而这种价值对于数学和数学教育又是十分重要的。因此，可以用"数学文化"的概念加以概括，我们把数学文化表达为超越（扩大并包含）数学科学范围的数学观念、意识、心理、历史、事件、人物与数学传播的总和从上述定义可知，数学文化是有关"既有"数学的一种状态、一种事实和一种存在。

　　所以，我们可以毫不夸张地说，一个国家的数学教育和研究的水平乃是它的不可替代的资源，是一个国家综合国力的一部分。从这个意义上说，也许很多人会同意"没有现代的数学就不会有现代的文化，一个没有现代数学的文化是注定要衰落的"。

第二节　数学文化的实质和特征

　　数学文化的实质是数学具有客观存在性，数学独立于个体意识而存在，却完全依赖于人类意识，数学概念存在于文化之中，即存在于人类的行为和传统思想的主体之中，数学的实在即文化。

一、数学文化的实质：数学的实在即文化

数学对象的实在性问题是数学哲学研究中的一个基本问题，即数学的本体论问题。我们究竟应当把数学对象看作一种不依赖于人类思维的独立存在，还是看作是人类抽象思维的产物？在这一问题上存在的尖锐的对立观念由来已久，可以追溯到古希腊。

古希腊的柏拉图就明确提出了关于"理仿世界"与"现实世界"的区分，并具体指明，数学对象就是现实世界中的存在，因而是一种不依赖于人类思维的独立存在。的确，我们都有这样的体会：在数学中所从事的是一种客观的研究。就是说我们只能按照数学对象的"本来面貌"去进行研究，而不能随心所欲地去创造某个数学规律，因而在很多人看来，数学对象确实是一种独立的存在，即所谓的"数学世界"。

古希腊的亚里士多德与柏拉图持相对立的观点。亚里士多德指出，数学所研究的量与数，并不是那些我们感觉到的、占有空间的、广延性的、可分的量和数，而是作为某种特殊性质的（抽象的）量和数，是我们在思想中将它们分离开来进行研究的。从这段哲学分析的论述中可以看出，亚里士多德认为数学对象只是一种抽象的存在，也就是人类抽象思维的产物。事实上，尽管有一些基本的数学概念具有较明显的直观意义，但是数学中许多概念都是在抽象之上进行抽象，由概念去引出概念的间接抽象的结果，而并非建立在对于真实现象或事物的直接抽象之上。甚至还有一些数学概念与现实世界的距离越来越远，以致常常被说成"思维的自由创造"。例如，射影几何中的理想元素，在罗莎·彼德（R.Peter）的笔下成了"……并不属于可想象事物的世界"。显然，他是在说"不可想象性"，这就清楚地表明了"自由想象"在数学中的充分运用是何等重要。无怪乎数学常常被称为"创造性的艺术"。

这种相互对立的观念一直延续到近现代。著名数学家哈代（G.Hardy）在他的名著《一个数学家的自白》中写道："我认为，数学的实在存在于我们之外，我们的职责是发现它或遵循它。"持对立观念的是卡斯纳（E.Kasner），他指出："非欧几何证明数学……是人亲手创造的，它仅仅服从思想法则所设定的限制。"

虽然这种对立的观念在数学哲学领域内是根深蒂固的，但是从一般文化物的角度来说，却并不存在类似的问题。广义地说，人类文化是指人类在社会历史实践过程中所创造的物质与精神财富的总体。按照这一定义，我们就应把由人类思维所创造的而非自然的对象与事物都看作文化物。可见人类文化的一个基本特征是任何一种文化成分都是人类思维的产物。但是，任何一种文化成分相对于各个个体而言，却又具有相当大的独立性。而且可超越各个具体个体而得到繁衍。这种一般文化物的"二重性"可解释为是由于一般文化物通过由个体向群体的转移实现了主观创造向客观实在的转移。

美国著名文化学者怀特采取同样的思路去解决数学本体论问题。他提出，数学对象应当被看成一种文化，并认为数学实在独立于个体意识而存在，却完全依赖于人类意识。在

怀特看来，数学真理既是人所发现的，又是人所创造的，它们是人类头脑的产物，但它们是被每个在数学文化内成长起来的个体所遇到或发现的。那么，数学实在的本质是什么呢？怀特的解释提供了答案："数学确实具有客观存在性。这种实在……不是物理世界的实在，但它一点儿也不神秘，数学实在即文化。""数学概念……存在于文化之中，即存在于人类的行为和传统思想的主体之中。"

美国学者怀尔德就是数学文化研究的重要倡导者之一，他在1968年出版的《数学概念的演化，一个初步的研究》书中，提出了关于数学发展的11个动力和10条规律。另外，在1981年出版的《作为文化系统的数学》一书中怀尔德又提出了关于数学发展的23条规律。他的有关论述，就是对"文化子系统"论的有力支持。

二、数学文化的特征

数学文化的特征包括：数学的抽象性和形式化、数学的严密性、数学在应用方面的广泛性、数学符号语言的简洁性、数学思维方法的独特性、数学美的高雅性、数学文化的稳定性和连续性、数学发展的时代性以及数学精神的深刻性等。其中数学的抽象性和形式化、数学的严密性、数学在应用方面的广泛性是数学文化的重要特征。除此之外，数学文化的特征还应特别强调它的符号语言的简洁性、思维方法的独特性、美的高雅性、发展的时代性和精神的深刻性。

（一）数学的抽象性和形式化，数学的严密性及数学在应用方面的广泛性

数学作为相对独立的知识体系，其基本特点是抽象性、统一性、严谨性、形式化、模型化、广泛的应用性和高度的渗透性。从数学文化的实质不难看出数学的文化性质：无论就事实性结论（命题）或是就问题、语言和方法而言，都是人类思维的产物，而且它们又都应被看成社会的建构，即只有为社会共同体所接受的数学命题、问题、语言和方法才能真正成为数学的组成部分。因此，数学的本质是研究客观世界量的关系的科学。

由数学的这一量的关系的本质特征的概括，数学的文化意义表现在：首先，数学是从量的方面揭示事物特性的，这就决定了数学必然是抽象的，数学的抽象性作为数学认识的出发点，是数学成为一门科学的标志；其次，客观世界中的万事万物无不具有质与量两个方面的特征，因此数学的应用必然具有广泛性，数学方法在各门科学中的应用性日益提高，数学思想也广泛渗透于人类不同的文化领域中，数学模型成为连接抽象理论与现实世界的桥梁；最后，事物间是相互联系、相互影响的，且联系和影响的方式呈多样性和复杂性，数学则是通过寻求不同模式的方式来研究量间的关系的，随着对数学认识的深化，数学的严谨性和形式化水平越来越高，数学的分支不断扩大，数学被赋予更多的内在统一性。

数学文化是一个由其各个分支的基本观点和思想方法交叉组合构成的具有丰富内容和强烈应用价值的技术系统。在信息社会，数学的方法论性质也产生了变迁，从传统的以推

理论证为主的研究范式，逐步扩展为包括计算机实验在内的新型研究方法，数学除了其基础理论在多学科渗透之外，随着数学方法在多学科领域的拓展，特别是与计算方法有关的数学方法的广泛应用，数学越来越呈现出其高技术的特点。

由此我们可以清楚地看到，数学的抽象性、模式化、数学应用的广泛性等特征都由数学的本质所决定，是由本质特征派生而来的。因此，数学的抽象性和形式化、数学的严密性、数学在应用方面的广泛性是数学文化的重要特征。

（二）数学符号语言的简洁性

数学文化是传播人类思想的一种基本方式，数学语言作为人类语言的一种高级形态，是一种世界语言。

在数学中，描述现实世界的各种量、量的关系及变化都是用数学所特有的符号语言来表示的。这种符号语言不仅具有规范、简洁、方便的特征，而且刻画精确、含义深刻。正如 M. 克莱因所描述的那样：数学语言是精确的，它是如此精确，以至常常使那些不习惯于它特有形式的人觉得莫名其妙。然而任何精密的思维和精确的语言都是不可分割的。

正是这种简洁性和概括性使得数学语言具有广泛的普适性，以至于被广泛地应用，并成为科学的语言而受到科学家们的特别青睐。所以，伽利略把它描述为："数学符号就是上帝用来书写自然这一伟大著作的统一语言，不了解这些文字就不可能懂得自然的统一语言，只有用数学概念和公式所表达的物理世界的性质才可被认识……"

数学文化是人类智慧与创造的结晶，数学文化的历史以其独特的思想体系，保留并记录了人类在特定社会形态和特定历史阶段文化发展的状态。越来越多的证据表明，人类最初发明的数学符号有的要比文字的发明早得多。数学史研究还表明，在古代不同民族、不同国家之间文化交流的过程中，数学是重要的传播内容和媒体。数学语言在其漫长的发展岁月中体现出统一的趋势，数学语言作为一种科学语言，是跨越历史、跨越时空的，并逐渐演变成一种世界语言。在现代数学语言里，计算机和人工智能获得了产生和发展的理论基础。

（三）数学思维方法的独特性

数学文化是一个以理性认识为主体的具有强烈认识功能的思想结构。从思维科学的角度看，数学思维是以理性思维为核心的、包含多种思维类型在内的、完整的思维空间。数学思维不仅包括逻辑思维，还包括直觉思维、想象力和潜意识思维。思维的不同类型的精妙绝伦的匹配和组合，不仅构成数学思维的精髓，而且是一切科学思维的本质特征。

数学运用抽象思维去把握数学实在。它用抽象化和符号化的方法来描述世界，通过对人类思维抽象物的研究来触及事物的根本，认识宇宙，揭示世界的规律。在对实际问题的研究中，通过抽象建立模型，并在数学模型上展开数学的推导和计算，以形成对问题的认识、判断和预测。

数学赋予科学知识以逻辑的严密性和结论的可靠性，是使认识从感性阶段发展到理性阶段，并使理性认识进一步深化的重要手段。在数学中，任何一个研究的对象都有其明确无误的概念，每一种方法都是由明确无误的命题开始，而且服从明确无误的推理规则，借以得到正确的结论。"正是因为这样，而且也仅仅因为这样，数学方法既成为人类认识方法的一个典范，也成为人在认识宇宙和人类自己时必须持有客观态度的一个标准"（齐民友语）。

以欧几里得《几何原本》为代表的数学的公理化方法，用极少的几个概念和命题作为必要的基础，通过明确的定义和逻辑推理来建立知识体系。这种思想方法已成为对理论进行整理和表述的最好形式，并被各门科学广泛地采用，现如今已经超出了自然科学的范围而扩大到了政治学、经济学、伦理学等各个方面。

从更广泛的意义上看，数学思维与人类思维的关系可以用全息律或全谱系来概括和描述，从较低级的数学感知觉与数学经验到较高级的数学悟性与数学审美，其间排列着数学推理、数学运算、数学直觉、数学猜想、数学类比、数学归纳、数学想象、数学灵感等形式，它表征着人类思维从简单、隐约、模糊、直观、感性到复杂、清晰、明朗、抽象、理性的巨大跨度和演变进程。

（四）数学美的高雅性

数学文化是一门具有自身独特美学特征功能与结构的美学分支。如果说数学的"真"表征着数学的科学价值，数学的"善"表征着数学的社会价值，那么数学的"美"则表征着数学的艺术价值。数学的"美"是一种理性的美，数学的"美"作为科学美的有机组成部分和典范，开创了美学新的园地和维度。数学美学具有在语言、体系、结构、模式、形式、思维、方法、创新、理论等各方面的丰富表现形式。必须指出的是，数学的美学性质是其真理品质的一种特殊表现形式，换句话说，数学的美是由其真理性衍生出来的。正如钱学森所主张的，美即与宇宙真理相和谐，尤其要警惕的是要避免抛开数学的真善谈美的科学唯美主义倾向，而研究数学美与数学审美的主要目的，从数学文化角度看，是为了进一步探索数学自身的科学结构和规律，从教育的角度看，则是为了促进学习，提高学生的数学素质。

邓东皋教授提出"数学美是一种严峻的美，崇高的美，干净、简明、整洁、和谐、深刻"。哲学家罗素更是认为数学美是一种至高的美，是一种冷而严格的美，这种美没有绘画或音乐的那样华丽的装饰，它可以纯净到崇高的地步，能够达到只有伟大的艺术才能显示的那种完美的境地。数学的这种高雅的美，既是数学文化的组成部分，也是数学文化的一个重要特征，它主要表现在以下几个方面：

（1）简洁性——简单、明了。一方面，它是指数学结构的简单性或数学的表达形式与理论体系的简单性；另一方面，是指能用简洁的数学语言、数学公式揭示错综复杂的自然现象的本质性规律。的确，当纷乱的自然现象以一种简洁的数学公式的形式显现在人们面前的时候，人们不能不为它美丽的数学形式而深感赞叹。

（2）和谐性——协调、协同、相容，即无冲突、无矛盾。这正如美学家高尔泰所说："数学的和谐不仅是宇宙的特点、原子的特点，也是生命的特点、人的特点。"这种和谐既包括数学内在的一种协同、相容，如大部分数学可以建立在公理集合论之上，这一事实说明不同分支学科之间是协调的、相容的，它们构成了一个和谐的整体；也包括数学外在的一种协同、相容，如各种数学模型与现实模型的相符，各种数学理论在自然科学中恰到好处的应用，无不表明数学与科学之间的协调。和谐还常常表现为一种对称——美观、协调。数学家约翰森说："数学有着比其他知识领域更大的永恒性，它的曲线和曲面具有平衡和对称，就像艺术大作那样令人愉快，并且在自然的图案和定律中处处可见。"

（3）统一性——部分与部分、部分与整体之间的和谐一致、相互协调。数学中看起来相隔甚远、毫无联系的分支理论，竟然有着深刻的关联，能够统一在一个一致的基础上，这无疑将给人带来极大的美感。看到错综复杂、互不关联的理论统一到一种简洁的理论之中，真是可以体验到一种很美好的情绪。

（4）奇异性——奇妙、新颖、出乎意料。然而，奇异中蕴含着奥妙与魅力，奇异中也隐藏着秩序和规律。

（五）数学文化具有相对的稳定性、连续性

数学知识具有较高的确定性，因而数学文化具有相对的稳定性和连续性，数学是人类对于知识确定性信仰的一个重要来源。

著名的科学哲学家波普尔认为数学是具有很强自律性的学科。从数学的历史发展看，数学知识曾被视为确定性知识的典范，虽然现代数学已经不再支持经典的形而上学数学观，但数学依然是各门学科中最具确定性和真理性的学科。虽然数学发展中不乏变革，但从整体看数学始终保持着其稳定和连续的发展状态。

（六）数学发展的鲜明时代性

数学作为一个开放的系统，有来自其内部和外部的文化基因。一方面，数学的内容、思想、方法和语言，深刻地影响着人类文明的进步。另一方面，数学又从一般文化的发展中汲取营养，受到所处时代的文化的制约。

数学发展的历史表明，不同的民族文化会产生不同风格的数学，它们具有鲜明的时代文化烙印，而且一个时代的总特征在很大程度上与这个时代的数学活动密切相关。例如，中国古代数学崇尚实用，由此促进了实用数学的发展，从而诞生了"以计算见长"且具有较强实用性的《九章算术》。

数学发展的一个最明显的动力是为解决因社会需要而直接提出的问题，数学思想的建立也离不开人类文化的进步。所以，"当整个文化系统的成员都认为数学是一种表现宇宙万物的方式、理性的时候，数学必然按照表现宇宙、理性的方式'修饰'、发展和构造自

己；当中国文化及其社会成员都认为数学是一种技艺、可以计量使用的实用技能时，数学的发展就必然地会使相应的计算更加方便、快捷，并运用当时社会所承认和规定的直观、类比、联想、逻辑、灵感等方法作为自己的依据以获得社会的承认和应用"（郑毓信等）。另外，就数学家个人而言，他们在创建数学的时候，也是不断地从一般文化中汲取营养。正如庞加莱所说："忘记外部世界之存在的纯数学家将会像一个知道如何和谐地调配颜色和构图，却没有模特的画家一样，他的创造力很快就会枯竭。"

对数学发展的时代性，M. 克莱因作过精辟的论述：数学是一棵富有生命力的树，它随着文明的兴衰而荣枯。它从史前诞生之时起，就为自己的生存而斗争，这场斗争经历了史前的几个世纪和随后有文字记载历史的几个世纪，最后终于在肥沃的希腊土壤中扎稳了生存的根基，并且在一个较短的时期里苗壮成长起来了。在这个时期它绽放了一朵美丽的花——欧氏几何，其他的花蕾也含苞欲放。如果你仔细观察，还可以看到三角和代数学的雏形，但是这些花朵随着希腊文明的衰亡而枯萎了，这棵树也沉睡了一千年之久。后来这棵树被移植到了欧洲本土，又一次扎根在肥沃的土壤中。到公元 1600 年，它又获得了在古希腊顶峰时期曾有过的旺盛的生命力，而且准备开创史无前例的光辉灿烂的前景。

（七）数学精神的深刻性

数学家 M. 克莱因指出，在最广泛的意义上说，数学是一种精神，一种理性的精神。正是这种精神，激发、促进、鼓舞和驱使人类的思维得以达到最完善的程度，亦正是这种精神，试图决定性地影响人类的物质、道德和社会生活，试图回答有关人类自身存在提出的问题，努力去理解和控制自然，尽力去探求和确定已经获得知识的最深刻的和最完美的内涵。

这种数学精神的第一个要素就是对理性的追求。郑毓信先生在其《数学教育哲学》中总结了构成数学理性的主要内涵：

（1）主客体应严格区分，而且在自然界的研究中，应当采取纯客观的、理智的态度，而不应掺杂有任何主观的、情感的成分。正如齐民友先生在《数学与文化》中所指出的，数学的每一个论点都必须有依据，都必须持之以理，除了逻辑的要求和实践的检验以外，几千年的习俗、宗教的权威、皇帝的敕令、流行的风尚统统是没有用的。这样一种求真的态度，倾毕生之力用理性的思维去解开那伟大而永远的谜——宇宙和人类的真面目是什么？这是人类文化发展到一定高度的标志。

（2）对自然界的研究应当是精确的、定量的，而不应该是含糊的、直觉的。

（3）批判的精神和开放的头脑。即把理性作为判断、评价和取舍的标准，不迷信权威、不感情用事。

（4）抽象的、超验的思维取向。即是超越直观经验并通过抽象思维达到对于事物本质和普遍规律的认识。

数学理性的这些特质构成了理性思维的内涵，成了人类思维的象征，从而也使数学理性成为人类文明的核心部分之一。数学精神的另一个要素是对于完美的追求。数学家高斯在回顾二次互反律的证明过程时曾说："去寻求一种最美和最简洁的证明，乃是吸引我去研究的主要动力。"追求简洁、追求统一、追求和谐、追求完美是数学家研究数学的最有力、最崇高的动力之一，使数学家把自己的一生陶醉于数学理论的探求之中。庞加莱曾有一段名言："科学家研究自然，是因为他爱自然，他之所以爱自然，是因自然是美好的。如果自然不美，就不值得理解；如果自然不值得理解，生活就毫无意义。当然，这里所说的美，不是那种激动感官的美，也不是质地美和表现美……我说的是各部分之间有和谐秩序的深刻的美，是人的纯洁心智所能掌握的美。"也正因为如此，在数学的研究中，数学家们往往根据审美的标准选择自己的研究方向，用审美的标准对数学理论进行评价和取舍，正是数学内在的美一直激发着数学家们的浓厚兴趣，正是数学所蕴含的无限的奥妙和美感，诱使着如此众多的人去探索、去遨游、去为之献身。这正是数学精神的深刻所在、魅力所在、力量所在，这也是数学文化的价值所在。

（八）数学文化的多重真理性

数学文化是一个包含着自然真理在内的具有多重真理性的真理体系。数学自诞生时就成为描绘世界图式的一种极其有效的方式。伽利略说，大自然这本书是上帝用数学语言写成的，拉普拉斯说自然法则是为数不多的数学原理的永恒推论。数学是关于模式的科学的见解，现已获得广泛的认可，其基本过程是对现实世界原型现象和各门科学原理进行数学化处理的结果。作为一系列抽象、概括、符号化、形式化建立模式的结晶，通过现实对数学真理的选择，使数学的真理价值转化为其社会价值，数学的真与善达到了统一。

第三节　数学与文化

就是读完了大学数学系四年课程的学生，也未必能够了解到数学与文化之间的关系，因为"千锤百炼"的数学教科书早已割断了数学与历史、数学与文化的血脉联系。数学家柯朗在《数学是什么》一书的序言中指出，数学教学有时竟演变成空洞的解题训练。这种训练虽然可以提高形式推导的能力，但却不能导致真正的理解与深入的独立思考。数学研究已出现一种过分专门化和强调抽象的趋势，忽视了数学的应用以及与其他领域之间的联系（Counmt，2005）。西南大学张广祥的《高师学生数学文化背景状况调查与分析》也反映出目前高师院校学生对数学与文化的认识比较模糊，相关知识比较贫乏。（张广祥，2004）

数学与文化有着密切的关系，彼此之间的相互影响促进数学的发展（陈桂正，1999）。随着数学的深入发展，特别是数学哲学研究的深入，人们越来越认识到，数学的发展与人类文化休戚相关。数学一直是人类文明主要的文化力量，同时人类文化发展又极大地影响了数学的进步。1981 年，美国数学家怀尔德从数学人类学的角度提出了"数学种文化体系"的数学哲学观，他的代表作《作为一种文化体系的数学》，有人给予的评价甚高，认为怀尔德关于数学是一种文化体系的观点，是自 1931 年以来出现的第一个成熟的数学哲学观。

一、数学对文化的影响

数学与文化的研究，一个主要的研究方面就是探讨数学对人类文化的影响，通过这种研究，可以充分显示数学是人类文化的有机组成部分，作为人类智慧的最高产物，它对人类文化具有重大的作用。因此，在人类文化中，我们应该对数学给予充分的重视。

数学发展史与人类发展史表明，数学一直是人类文明中主要的文化力量，且在不同时代、不同文化中，这种力量的大小有所变化。纵观西欧古代文明，不难发现：正是古希腊强调严密推理的、追求理想与美的数学高度发达，才使得"希腊人永远是我们的老师"，才使得古希腊具有优美的文学、极端理性化的哲学、理想化的建筑与雕刻，才使得古希腊社会具有现代社会的一切胚胎。也正是由于轻视数学的创造力，才使得罗马民族缺乏真正的独创精神。的确，罗马人能够建造宏伟的凯旋门，但罗马文化却只是外来文化。中世纪西方数学沉寂了、衰落了，中世纪的文化也黯然失色。文艺复兴以绘画艺术作为西方文化解放的先声，而绘画艺术新风格的产生、发展则与射影几何紧密相关。有人甚至把欧洲文艺复兴在文化上归结为希腊数学精神的复兴。

中国古代数学亦对中国传统文化的发展起了十分重要的作用。考察几何学在中国的发展"规矩"起着基本的作用。"规矩"这个词，是由"规"和"矩"复合而成的。其中的"规"是中国古时候的圆规，用来画圆；"矩"是中国古时候的角尺，用来画直线图形"规矩"的形状。

"礼数"在中国文化中被视为"规矩"，有所谓"不依规矩，不成方圆"。中国人已用数学规律（用规矩画方圆）来形容和描述政治、社会的运行，中国传统数学的某些特征已融于文化之中。数学在中国传统文化中的作用，最大的莫过于一套有关数字崇拜的体系，这种体系时至今日仍深深地扎根于中国人的日常生活之中，俞晓群对此曾作过深入研究。

中国是数学发祥地之一。中国古代数学的杰出代表作《九章算术》，就曾对中国文化的发展起了很大的推动作用。李文林认为，以《九章算术》为代表的中国古代数学代表了数学中两种重要倾向的一种——归纳倾向（另一种倾向就是古希腊的演绎数学）（李文林，1986）。"天、算、农、医"四大学科中，数学中即以《九章算术》作为重要代表。同时，在与亚洲、阿拉伯世界的文化交流中，《九章算术》也作为中国文化的重要成就而受到广泛关注。在当今世界，国际学术界都将《九章算术》视为中国古代文化的瑰宝。可惜的是，这种作用在相当长的时间中为人们所忽视。随着世界范围内对中国科技史研究水平的提高，这种状况已有所改观。英国近代生物化学家和科学技术史专家李约瑟（J.Needham，1900—1995）在其著作《中国的科学与文明》中就恰当地评价了中国古代数学对中华文明的影响："我们在评价中国人在各门科学技术的贡献时，首先从数学入手应该是适当的。"（Needham，1978）

梁漱溟在文化史的意义上，曾对西方、中国、印度的文化进行了比较。他认为：西方文化是直觉运用理智。中国文化是理智运用直觉。印度文化是理智运用现量。他还从宗教、哲学的层次用表格的方法比较了三种文化的差异。从梁漱溟的比较中，我们可以看出所谓西方人"直觉运用理智"以及知识"当其盛时，掩盖一切，为哲学之中心问题"的表象之下，实际真正起潜在作用的是数学价值观念在文化传统中形成的习惯势力。相比之下，没有这种数学习惯意识的中国文化就只能是"理智运用直觉"，并且对知识问题（实际上梁漱溟指出的这种现象是构造性的知识结构，而不是知识的零散自然存在的现象）也只能是"绝少注意，几可以说没有"（王宪昌等，2010）。

数学历来是人类文化极其重要的组成部分，曾对许多文化产生过深刻的影响。何柏生考察法律文化后发现，数学对它的影响是巨大的，无论是历史上的法律还是现实中的法律，都可发现数学留下的烙印。数学的特性和认识功能决定了数学不可避免地会对法律文化产生影响。数学对法律文化的影响分为三个历史时期，数学方法、数学观念、数学精神都对法律文化产生过重要影响。数学为法律科学提供了一套科学的知识体系，开辟了新的研究领域，促进了法律知的增长和法律文化的进步（何柏生，2000）。

孟庆云考察我国中医学的发展后发现，数学对它的影响也是巨大的。数学对中医学的影响主要有以下几方面：（1）用数学模型构建中医学理论。古代医学家坚信数的规律也是生命活动的规律，把某些数学模型应用为人体模型。例如，用有群论特征的五行模型作为人与自然五大系统的稳态特征。用有集合论特征的六经模型来概括时序和热病关系的症候。《内经》将五行用于表述脏腑关系和特征，建立了五行脏象论；《伤寒论》把六经用于阐述热病按病序演变的六种类型的六经辨证。此外，在《灵枢·九宫八风》篇中，还有八卦数学模型的八卦脏象等。（2）提出生命是时间函数的科学命题。我国古代思想家很早就认识到生命存在的基本形式是空间和时间。《老子》称人为"神器"，由"神"和"器"构成。"神"是形而上者能变化妙用的生命机能，"神"体现于时间结构和功能。"器"则是形而下者的形体，包括器官、骨骼、肌肉、肢节等，是人体的空间结构。祖国医学重神而疏器，生命机能称为"神机"，对医生的评价也有"粗守形，上守神"的尺度，把主宰思维并统率全身生命活动的作用称为神明由于对"神"的重视，提出了生命是时间函数的命题。《内经》多次强调"神转不回，回则不转"，恽铁樵称此语为《内经》全书的关键。《内经》进一步又提出"化不可待，时不可违"的生命不可逆的特征。和西医学重视人体空间结构相比，中医学重视人体的时间结构，重视生命的过程、节律和节奏，有"脏气法时"等论述，这是中医学对生命本质的揭示。（3）中医辨证论治讲究"套路"，按套路逐步解决复杂的难治之病，其思维方法和传统数学的解方程的思维是一致的。中国古代数学家很早就以问题为中心，用解方程的方法解决应用问题，西汉时即有《九章算术》问世，将几何问题代数化。东汉张仲景在《金匮要略》中，对于"咳逆倚息不得卧"的支饮，就是分步骤、先后使用小青龙汤、茯苓桂枝五味甘草汤、苓甘五味姜辛汤，再用半夏，再加杏仁，再加大黄等六步成为一个套路，分别解决不得卧、冲气、喘满、眩冒、水肿和面热如醉的戴阳证的。可见，中医临床辨证论治的思维方式与中国古代数学思维方式是一致的（孟庆云，2008）。

在人类文化的发展中，数学还不同程度地影响了许多哲学思想的方向和内容，就西方文化传统而论，这种痕迹尤为明显。在公元前 775 年前后，古希腊从米利都（Miletus）城开始将原来的象形文字改换为腓尼基字母，那时候由于还没有独立的数字符号，字母既用来组成文字，又代表了一个具体数字，从而形成了一种数字与文字相结合的文化现象，这种现象在古希腊文化中到处可见。例如，希腊史诗《伊利亚特》中的三位英雄：帕特洛克罗斯（Patraclus）、赫克托尔（Hector）、阿基里斯（Achilles），他们的名字分别对应着 87、1225 和 1276，于是按照测字术的规律，具有最大数值的阿基里斯必然获得最后的胜利。而古希腊数学家与哲学家毕达哥拉斯（Pythagoras，前 572—前 497）学派的神秘数学宗教哲学，则是这种人类原始思维中数学神秘性的继承与发展。毕达哥拉斯学派的"万物皆数"宇宙观正是数学在宗教、哲学层次运用的产物，结果使古希腊文化逐渐具有一种深层的数学结构。同时，数学也由一种思维操作系统转变为一种宗教、哲学的解释系统。古希腊文化的主导层中开始形成一种数学的思维操作与宗教、哲学解释功能相结合的形式（王宪昌，1992）。其实，受其影响最大的还是古希腊哲学家柏拉图（Plato，前 430—前 349）。柏拉图认为，数学是以独立的实体形式存在于"理念王国"之中，人们只有通过数学才能领悟到世界的真谛。

始于毕达哥拉斯学派的这种神秘的数学理性自然观、哲学观，实际上对后世西欧文明的影响颇为深远。从古希腊天文学家托勒密（C.Ptolemy，约 90—168）、波兰天文学家哥白尼（N.Copermcus，1473—1543）的天体运行论、英国科学家哈维（W.Harvey，1578—1657）的血液循环论，到英国物理学家、数学家与哲学家牛顿（I.Newton，1643—1727）的《自然哲学的数学原理》；从柏拉图到德国哲学家康德（I.Kant，1724—1804）的哲学思想，马克思（K.Marx，1818—1883）的《资本论》，及罗素的数理逻辑和现代西方哲学的逻辑实证主义，都渗透着数学理性的共同特征。

数学还从思维和技术等多角度为人类文化提供了方法论基础和技术手段，从而丰富和推动了文化的发展。许多文化领域的革命常常是从数学的发展开始的。例如，文艺复兴以绘画艺术作为西方文化解放的先声，而绘画艺术新风格的产生、发展则与射影几何紧密相关。非欧几何时文化领域的影响，就不仅仅在于数学自身，而且对哲学认识论、现代绘画、雕塑艺术等的影响也极其深远。西方现代绘画家们无不以几何学作为基础课。

音乐一直被古希腊人认为是数学的一大分支，而 19 世纪法国数学家傅立叶（J.Fourier，1768—1830）级数的建立，使人们对音频、音高把握得更加清楚了，从而为创作各种优美的音乐提供了可能。1979 年，美国数学家侯世达（D.R.Hofstadter）以他的著名的 GEB（中译本由商务印书馆于 1996 年以《哥德尔，埃舍尔，巴赫——集异璧之大成》为书名出版）一书轰动了美国。其中就谈到，数学家是荷兰艺术家埃舍尔（M.C.Escher，1898—1972）作品的第一批崇拜者，有许多物理学家比如李政道也很喜欢这些画。美国数学家哥德尔（K.Godel，1906—1978）是 20 世纪最伟大的数学家之一，也是亚里士多德、德国哲学家与数学家莱布尼茨（G.W.Leibniz，1646—1716）以来最伟大的逻辑学家。哥德尔的理论改变了数学发展的进程，触动了人类思维的深层结构，并且渗透到了音乐、美术、计算机和人工智能等领域。埃舍尔是当代杰出的画家，他的一系列富有智慧的作品体现了奇妙的悖论、错觉或者双重含义。德国音乐家巴赫（J.S.Bach，1685—1750）是最负盛名的古典音乐大师，其揭示了数理逻辑、绘画、音乐等领域之间深刻的共同规律（特别是奇妙的怪圈），似乎有一条永恒的金带把这些表面上大相径庭的领域连接在了一起。然而，其并没有单纯从数学的角度分析它们之间的关系，而是十分巧妙地把埃舍尔的绘画、巴赫的乐曲及关于哥德尔定理的论述结合在一起，从而编织出了"一条永恒的金带"这条金带发出的耀眼光辉不仅照亮了哥德尔及其证明思想，而且它的更高价值就在于这一"连接"本身，即在于揭示出绘画、音乐与数学这些似乎遥远相隔的人类不同文化领域之间所存在的"惊人一致性"（张维忠，2004）。

数学还在传统文化符号创建中发挥重要作用。比如，对称在传统文化符号中的应用范例繁多，常见于人类古代传统的大多与劳动和生活有关的用具，装饰性图案往往出现在编织物、陶器、武器、地砖及墙壁上。这些图案往往由数学对称原理构成。在中西方传统的建筑的建造过程中，在布局和结构中都有发现其中蕴含着数学对称原理，当然这其中也蕴含着文化、宗教、美学等内容的考量。在传统文化符号中，对称常应用于有规律的、持续的、带有周期性的排列和装饰的文化符号。对称不仅对数学家和物理学家有吸引力，生物学家、画家、建筑师、心理学家、考古和史学家乃至音乐家都在思考和讨论它的普遍意义和影响力（林迅，2010）。

数学文化的进步，已是信息时代科学文化发展的基础。数学在今天已经渗透到人类文化的诸多领域，连一些相沿已久的单一定性描述的学科也日渐走上定量分析的道路。苏联数学家柯尔莫戈洛夫（A.N.Kolmogorov，1903—1987）就从数学角度对诗歌的节奏作了精密的研究，从而诞生了艺术计量学。法国美学家科恩（J.Kohn）的《诗歌语言的结构》就采用了数理统计的方法，从而使这一研究别开生面。另外，人们应用电子计算机可以进行图案设计（电脑美术）、文章编写、文学创作、音乐作曲、考古查证。计算机这种高技术已广泛渗透到文化的各个领域。计算机文化更加证明了数学在现代文化中是不可缺少的。

数学的发展不仅改变着人们物质生活与精神生活的各个方面，同时还为物质文明与精神文明的建设提供了不断更新的理论、方法和技术手段。例如，突变理论、模糊理论、计算机与数据库、相关回归法、计量模型法等，使许多社会科学领域的问题的研究建立在更充分可靠的科学论证基础上。正如一位苏联学者所说："由科技革命推动的文化进步……

说明社会主义科技革命作为一种社会现象在文化上意义重大，具有独特的文化含义，而且在很大程度上决定着社会文化生活的条件，因此许多文化问题的解决都有赖于科技进步问题的解决。"

数学及其相关学科在近几十年的飞速发展，不仅改变着数学文化本身的内涵，而且冲击着人类文化许多固有的观念。例如，数学的发展使我们能够用新的方法，从新的角度看问题。席卷全球的新技术革命和产业革命所引起的产业结构、社会结构和文化结构的变化，推动着人类文化观念的进步。计算机带来的信息革命迫使人们改变或调整原有的价值观念和社会观念，否则就将落后于时代的发展。当今国际商业中有关贸易的计算机模型，它需要诸如随机微分方程这样精细高深的工具。而对医学研究来说，数学模型几乎与临床病例具有同等的重要性。事实上，高等数学的语言，从控制论到几何学，从微分几何到统计学，已经明显地渗透到商业、医学及现代社会的每个系统中。在发达国家，目前大约有一半劳动力在从事信息工作；而在许多发展中国家，信息工业常常是增长最快的经济部门。数学构成了信息社会文化发展的基础之一，并且是这个新的世界秩序的一部分。

总之，数学不仅对人类文化的诸多领域有着不可低估的影响，还为文化学本身的研究提供了重要的方法和手段。这方面突出的成果就是所谓的"文化数学"。文化数学主要是文化学与数学交叉渗透的结果，是数学方法、电子计算机技术在文化研究中的应用。它主要是通过对文化信息进行测量、量化，从而使得人们对文化现象的描述、解释、分类和比较更加精确。文化数学是现代文化学研究中人们进行定量分析的重要方法。

综上，数学是在整个历史的社会背景下得以发展的，而数学的发展进步同时又对整个文化传统产生了重大的影响。然而，现在有些数学教科书却以孤立的视角来处理数学知识，将活生生的数学文化从其整个文化传统中隔离出来，将数学知识与文化传统中的其他知识分离开来，于是我们就听到许多对数学抽象性的批评声音。因此，有人建议进一步挖掘古希腊数学文化的教育价值，可以考虑将文学、艺术、宗教、历史等学科知识与社会知识融合于数学课程之中。由此，我们的数学课程就不是单调或者是抽象的，而是丰富的、富有色彩的。这样，学生才能对数学形成更全面、深刻的理解（谭晓泽，2010）。

二、文化对数学的影响

数学作为一种文化，理所当然地受到人类文化——文化传统、社会发展的影响。人类文化对数学的影响的一个典型例子就是民族数学关于民族数学，英国数学教育家豪森（G.Howson）等人曾作过如下描述："在所有社会文化群落里存在大量的形形色色的工具，用于分类、排序、数量化、测量、比较、处理空间的定向，感知时间和计划活动，逻辑推理、找出事件或者对象之间的关系，推断、考虑各因素间的依赖关系和限制条件，并利用现有设备去行动等。"虽然这些是数学活动，但工具却不是通常所用的明显的数学工具……按明确规定的目标或意向来操作这些工具与其说是一种待定的实践，倒不如说是可以认识的思维模式的结果。这种思维模式和系统实践的综合已经被称为有关文化群落的'民族数学'。"张维忠等在大量文献综述后也认为，"民族数学"是20世纪80年代前后在国际数学界和数学教育界兴起的一个新的研究领域，就其基本意义而言，可被看成数学与人类文化学的一种交叉。作为一个研究领域，"民族数学"常常被定义为对数学（数学教育）与相应的社会—文化背景之间关系的研究。即是要研究"在各种特定的文化系统中数学是如何产生、传播、扩散和专门化的"。

事实上，世界上各民族的文化背景很不相同，从而形成了各民族文化中特有的数学文化。例如，度量制、建筑物的外形曲线、语言表达习惯和一些特有的数学知识等。中国古代数学受中国文化影响，相对于以古希腊为代表的西方数学，形成了独特的价值取向。在中国特定的文化氛围中，古代中国数学并不是科学意义上的一个分支学科，中国古代数学具有外算与内算的双重功能，即"算数事物"的算术性功能与神秘意义的解释性功能。也就是说，从文化的角度看，人类古代数学作为文化系统中的一个操作运演的子系统，它从一开始就具有数量性与神秘性的双重功能。中国古代是以竹棍为特定物进行记录和数学操作运演的民族。竹棍是中国古代原始计数物，又是某些神秘性的表示物。但是，在中国文化发展中，作为原始数学的竹棍操作运演在历史的进程中完全分化成了两个独立的分支：一支是以蓍草（一种草本植物）操作形成的神秘解释体系；另一支则是以筹算操作运演形成的计算体系。中国原始数学数量性与神秘性的分离，使筹算失去了神秘性，从而也失去了可能作为宗教与哲学的思辨性。在中国文化的特定氛围中，筹算作为纯数量意义的运演而成为一种技艺。从文化的角度看，筹算是一种应用数量变化意义来解释实际问题的操作运演的应用子系统。筹算不解释乾坤流度、阴阳交替，筹算也不参与理性的表述。可以说，在中国文化中，筹算不具有解释"形而上"问题的文化功能，它只对"形而下"的问题做出数量的解释（王宪昌，1995）。

作为一种对照，古希腊文化的特定氛围使古希腊的数学从开始就走上了充分发挥神秘性解释功能的道路。在古希腊，无论是毕达哥拉斯宗教数学，还是柏拉图永恒的理念抽象物，数学一直在发挥扩大着它的非数量意义的解释功能。毕达哥拉斯学派开始形成的在古希腊文化中占主导层次的数学，经过柏拉图和亚里士多德的努力，已经成为古希腊文化中的一种权威性的解释系统。虽然，由于无理数的出现，使这种解释由几何来担任。但是，亚里士多德对形式逻辑的开创，以及对事物数量属性的论证，实际上已使数学的思维方法和数学的运演操作形式从两个方面成为一种更具广泛性和更具权威性的解释世界的形式，只不过在亚里士多德的解释系统中，数学减少了神秘性，增加了理性的色彩。总之，从毕达哥拉斯的"万物皆数"到柏拉图用几何图形来构建世界，直到亚里士多德把数学看作是万物固有的特征，古希腊借助数学解释一切的文化传统使数学成为具有文化意义的理性基础。古希腊与西方的天文、医学、逻辑、音乐、美术、宗教、哲学都在发挥着理性的解释作用。

从中西文化的比较中，可以看到，不同民族文化中数学神秘性发展的道路是不同的。古希腊数学的神秘性一直与数学的发展相结合，数学伴随着神秘性发展演化为一种带有宗教、哲学理性的运演体系。西方数学解释宇宙的变化，引导理性的发展，参与物质世界的表述，规范各种学科的建构，用数学来解释一切是西方数学在西方文化中获取的价值观念。

而与西方文化相比，筹算不具备西方数学那种用数学及数学理性解释一切的价值取向。在中国文化中，数学的价值观念是技艺实用而非理性思辨。技艺实用的数学价值观，使以《九章算术》为代表的中国古代数学明显表现出实用性、计算性、算法化以及注重模型化方法的特点。一般来说，中国古代数学是一种从实际问题出发，经过分析提高而概括出一般原理和方法，以求最终解决一大类问题的体系。如果说古希腊的数学家以发现几何定理为乐事的话，那么中国古代的数学家则以构造精致的算法为己任，通过切实可行的手段把实际问题划归为一类数学模型，然后应用一套机械化（或称程序化）的算术求出具体的数值解（张维忠，1996）。中国数学在古代曾经达到很高的水平，与同时期的西方数学相比，许多重要的结果是领先的。但是，中国数学的表述方式是不同的，一个普遍的结果常常通过某个具体的问题的解法写出来，数学的发展也常常是通过对前人著作的注释来叙述。同时，中国数学更着重实用，要求把问题算出来，用现代的话说，就是更重视"构造性"的数学，而不追求结构的完美与理论的完整。可以说，这种表述方式深受中国古代哲学的影响。冯友兰就曾指出："中国哲学家贯于用名言隽语、比喻例证的形式表述自己的思想。《老子》全书都是名言隽语，《庄子》各篇大都充满比喻例证。"这表明中国数学深受中国文化的影响，正如西方数学很大程度上受西方文化的影响。古希腊数学的坚实深沉，17世纪至18世纪欧洲数学的繁花似锦，都体现了那个时代高度发达的人类文化，或者说是数学与人类文化协调发展、相得益彰的结果。事实上，伊斯兰建筑的几何曲线、基督教堂的特有曲线、中国建筑的飞檐挑拱，都各具民族特色。中国的珠算、印度的数论知识、欧洲的黄金分割律等也是各自所特有的。这是不同文化背景下出现的不同的数学。过去在相当长的时期，有不少学者强调数学的发展与社会实践、生产发展密切相关，把生产、社会的作用夸大到具有决定性的地步。这在一定程度上虽为讨论文化环境对数学的影响提供了一个视角。但是，这还远远不够。因为这种观点在相当程度上是为了对抗数学发展自身的独立性，而不是为了对这种独立性进行补充而提出的。事实上，数学的进化是知识与社会相互作用的复杂过程。数学科学一旦形成，有其自身的独立性。与其他科学相比，其内部逻辑在更多的情况下起决定作用。但是，在承认数学自身独立性具有决定作用的前提下，应充分意识到数学的发展是人类文化各个领域相互作用、相互促进的过程，并进而研究彼此之间的关系。这样，一门数学社会学便产生了。

数学社会学按照其创立者之一的美国数学史家斯特洛伊克（D.J.Stmik，1894—2000）给出的定义，可以这样来界定："数学社会学，研究社会组织形式对数学概念、方法的起源与发展的影响，以及数学作为某一时代社会、经济结构的一部分所起的作用。"（有关斯特洛伊克的生平进一步可见，刘钝，2002）因此，数学社会学对数学的理解既是社会的，又是文化的，它既将数学看作是一种社会建制，从而从社会学的角度研究数学；又将数学看作是人类文化的子文化，从而研究人类文化对数学的影响。事实上，重构数学的发展过程，仅注重其内部的逻辑发展往往显得"势单力薄"，而"内部"与"外部"——文化因素的结合应是一种明智的选择。于是，数学社会学从一开始就因其学科交叉的性质而带有很浓的数学文化气息，二者有很多研究的共同取向。比如，要从社会学的角度对数学进行研究，就离不开对数学的深刻而全面的理解，也就离不开数学文化哲学。反之，要想全面而完整地揭示数学文化的内涵，也离不开数学社会学，因为人及其属人的数学在本质上是社会的（董华等，2005）。数学史和社会学的联姻，或者说数学社会学的研究更加强调数学作为社会、文化的产物，是人类文化的重要组成部分和不可缺少的文化力量。

目前，学术界对数学社会学所进行的研究，其范围主要在人类文化对数学发展的影响。值得指出的是，由于研究数学社会学主要是围绕着数学史进行，并且作为数学史的一个组成部分，因此数学社会学又被学者们理解为"数学社会史"。

数学社会学的基本出发点，是在承认数学自身独立性具有决定作用的前提下，充分意识到数学的进展是人类文化各个领域相互作用、相互促进的过程，并进而研究彼此之间的关系。这里人类文化的各个领域主要包括社会因素、经济基础、生产方式、政治思潮及政治变革、哲学思想、宗教、艺术、美学、文学思潮，等等。按照科学史的术语来说，数学社会学属于"数学外史"的范围。事实上，重构数学的发展过程（哪怕是一个时期，或者每一门具体的学科分支），如果仅仅注重其内部的独立发展往往会显得很不够。较明智的办法是将"内部"和"外部"即文化因素的各个方面结合起来加以综合研究。

第四节　数学文化与数学教学文化

近几年，人们对数学文化的研究热情不减，这说明我们数学教师的研究触角已经更多地进入这一领域。笔者一直思考一个问题：我们的研究触角为什么要伸出应试的海平面，伸入数学文化这个领域呢？经过持续思考，笔者的理解是，数学文化是推动数学发展的内在动力，数学文化是数学的灵魂。而在高中数学的教学中，笔者以为其也应当有文化的成分。也就是说，如果我们认为是数学是一种文化的话，那数学教学也应当是一种文化。将数学教学放到文化的视角下来分析，有助于我们从更高的位置看待我们从事的高中数学教学。

一、数学文化与数学教学文化的辩证关系

《普通高中数学课程标准》（实验稿）明确指出："数学是人类文化的重要组成部分……"这说明从国家课程意志的层面已经明确了数学是离不开文化的，但数学课程标准给出的数学文化教学方式却耐人寻味。其说："数学课程应当适当介绍数学的历史、应用和发展趋势……数学的美学价值，数学家的创新精神。"这段话的意思并不难理解，其似乎是告诉

我们数学文化的一种呈现方式，那就是"介绍"。我们不否认数学文化离不开介绍这一方式，但我们同时也应当看到文化的魅力不只在于介绍，文化最终是由学生来感知的，感知信息的输入除了老师的介绍之外，还有自我阅读、自主体验等多种方式。这些方式没有纳入高中数学课程标准，其中的原因是什么？

而反思我们此刻正在思考的问题，即数学文化应当以什么样的方式来向学生传递的问题，其实正是我们所探讨的数学教学文化的问题——数学文化的教学方式是数学教学文化的产物。因此我们可以看到，这两者之间存在着互相影响的关系。对于课程标准中只提出介绍的教学方式，笔者在一个小范围中组织讨论时，有同行提出这可能是范式不同的缘故，数学文化处于一个较新范式当中，而对数学文化的教学方式讨论却处于一个旧的范式当中，因此就出现了以旧范式中的教学方式来实施新范式中内容的教学的结果。这样的认识正确与否我们暂且不论，但可以肯定的是：数学文化与数学教学文化相互影响，前者决定了后者的教学内容，后者决定了前者的教学方式。两者要想相得益彰，只有同处于一种范式中才能成为现实。故数学文化的教学需要数学教学文化来作为有力的保证。

二、数学文化与数学教学文化的教学实践

当我们从理论上推导出只有新范式中的数学教学文化，才能保证数学文化得到有效的教学之时，在实践中的探索却处于空白的位置。首先，新范式中的数学教学文化是什么？笔者理解为那是超越了一般讲授方法之外的另一种教学方式，一种类似于后现代教学理念下的教学方式，探究、体验、自主等均应当是其中的选项。这些选项不同于讲授、介绍之处在于它们更注重学生的主体参与，更重视学生直接经验的获得。这一理念对于传统教学是具有一定的挑战性的，尽管至今谁优谁劣还存在一些争论，但显然学生的知识生成于学生的体验这一客观现实，并不因为争论的存在而不存在。

以"向量"知识的教学为例。向量是高中数学的一个重要概念，传统教学思路下的讲授效果如何，作为稍有经验的高中数学老师都清楚，学生最大的困惑在于想不通为什么要建立向量这一概念，想不通为什么一个量竟然具有了方向。传统的教学范式无非是概念与习题之间的互相轮转，通过类似于循环论证的方式来加深学生的所谓理解，这显然是一种灌输式的教学。那么，数学教学文化视角下的向量知识如何体现出文化性呢？笔者进行了以下尝试。

首先，尽量占有向量的数学史背景以及向量教学的文化背景。通过相关史料的阅读，我们知道向量是相对数量或标题而言的，古希腊著名学者亚里士多德早就发现物理上的力可以表示成向量（事实证明，在数学课堂上结合物理学史讲这一知识，可以收到意想不到的效果，因为学科渗透往往是学生感兴趣的内容，学生在数学老师面前的其他学科"优越感"往往可以促进学生的学习，我们认为这也是数学教学文化的一种体现）；而随着数学的发展，数学家发现数的发展进入了复数阶段，而复数的表示离不开向量……如果情况有

可能，我们也可以将这段历史向学生的视野后面延长，适当介绍向量代数和四元数延伸，可以为学生种下数学求解的种子。

其次，在数学教学文化的思路下寻找适当的教学方式。这些数学文化知识如果通过讲授、介绍的方式向学生传递，那效果与学生听故事没有太大的区别，时间长了亦会疲劳。因此笔者的主观态度更趋向于改编历史，让学生去体验这段历史进程。提出这一思路是有依据的，因为学生在数学学习的过程中，其思维特点与数学史的发展思路往往有着惊人的相似性，历史上的未知与困惑有可能出现在学生身上。比如说当我们从物理老师那儿得知力具有方向性的时候，引入数学课堂之后，学生思维中就会出现一根有向线段——这是他们表示力的方法，也是我们数学上的几何表示方法。对这个有向线段进行代数化处理，就是数学发展史的课堂再现。如可以设计数的"演变史"，让学生感觉到引入向量的必要性，或者如在寻找向量的代数表示方法时，符号使用成为学生热烈讨论的话题之一，在寻找向量的坐标表示方法时，与曾经学过的坐标知识对比成为思维的热点之一。

最后，与学生一起回顾这段文化之旅。与学生一起梳理这样的学习过程，努力去让学生发现这一学习方式与传统听讲方式的不同，让学生去感受自己的思维在其中发挥的作用。在此基础上简单介绍向量的发展史，学生就会感觉到原来自己的思维过程与历史的发展也有那么多重合的地方。在这种情况下，教师可以告诉学生，这就是数学，这就是数学文化。至于这种数学教学文化，还是让学生隐性体验。

三、数学文化与数学教学文化的阶段思考

当我们在数学教学文化的视角下观照数学文化时，我们发现后者更依赖于前者的存在而存在。数学教学文化是一种与时俱进的过程，数学教学文化的"时"取决于时代发展的需要，取决于学生发展的需要。我们认为，这种需要是推动数学教学文化不断发展的唯一动力。

数学文化与数学教学文化的有效契合点在于，后者能够很好地演绎前者，这对教师的教学是一项挑战。很重要的一点就是基于数学史的数学文化史料要改造成适合学生学习的内容，并不是一件很容易的事，其既要考虑数学学习的需要，也要考虑学生学习心理的需要。

尽管挑战不少，但我们却坚持认为这是高中数学教学发展的一个前提，尽管高中数学面临严苛的高考要求，但同时我们也应看到高中数学是为学生走入大学、走向社会奠定一种文化基础，学生将来能否以严谨的眼光看待社会事物，很大程度上就取决于数学课堂上的收获。而数学文化，恰恰是可以滋润学生的智慧之心的。

第二章　数学文化的研究层面

数学是一种文化已经被人们接受，数学教育中应该注重数学文化教育也被人们认可。把数学看成是人类文化的一个重要组成部分并且认为数学对整个人类文化有广泛和深刻的影响，是我们如何对待数学的一种新观念。数学文化作为国际数学教育现代研究最为关注的一个热点，已引起人们的普遍重视。

在现实中，对于数学文化的要求已写进中学数学课程标准。近年来，我国内地大学纷纷实践开设新型的人文教育类数学课程，高职数学教育的研究越来越受到数学家和广大一线数学师的重视，强调改变观念，重新审视数学教育，把数学教育提升到文化意识，强化数学文化对大学数学教学的意义。把数学作为一种文化来研究，表现了数学哲学与数学教育研究中的一种创新精神。数学文化的研究层面主要包括数学的文化观念、数学文化的特征、数学文化的形态、数学文化的学科体系、数学的文化价值。

第一节　数学文化的观念

数学文化研究意欲表达的是一种广泛意义下的数学观念，即不仅超越把数学视为一门科学体系的单纯的科学主义观念，而且超越把数学作为以方法论为主线的数学哲学观念，把数学置身于其真实的历史情景及迅猛变革的现实社会文化背景之中。数学文化研究旨在从宏观角度探讨数学自身作为人类整体文化有机组成部分的内在本质和发展规律，进而考察数学与其他文化的相互关系的作用形式。

一、数学文化观提出的背景

以文化为研究对象的历史久远。早在2000多年前，我国史册中便有关于文化为"文治教化"含意的记载，而古希腊人则将文化解释为技巧、能力。随着19世纪进化论的产生，人的问题成为哲学的重要课题。哲学人类学派在考察了自古希腊以来关于人的特性的三种主要哲学观点，即人是理性动物的观点、人是上帝造物的观点和人是地球发展的一个最终产物的观点后，提出"人是文化的存在"的命题，将"文化"作为区分人与动物的重要尺度。哲学的介入为文化的研究注入了动力，中外学者从不同角度、不同层面开展了对文化的研究，使得文化研究无论是从深度上还是从广度上都获得了极大的进展。1959年，美国学者怀特在《文化的科学》一书中提出建立文化学的构想，他将文化学定位为文化哲学人类学的分支，标志着文化研究作为一门科学独立出来。在哲学界与学术界的共同催生下，文化的重要性被提到一个前所未有的高度。20世纪七八十年代，世界兴起研究文化的热潮。

文化之所以受到人们的高度重视，从哲学层面看，文化作为人的本质特征，是人类与自然界中其他生物种系相区别的重要特性，关注文化即关注人本身；从学术层面看，文化与人类的一切活动相关，所有学科领域无不与文化有密切的联系。1980年，美国学者怀尔德在《作为文化系统的数学》一书中提出数学文化的概念，强调各种子文化对数学的发展有着重要的影响。自20世纪80年代起，我国数学教育专家、学者对数学文化开展了大量研究，特别是在《普通高中数学课程标准》中，将数学文化内容作为一个版块纳入数学教材中，旨在克服"数学曾经存在着的脱离社会文化的孤立主义的倾向""努力使学生在学习数学的过程中受到文化熏陶，产生文化共鸣，体会数学的文化品位，体察社会文化与数学文化间的互动"。

二、数学文化观

文化，从广义的角度讲，是指通过人的活动对自然状态的变革而创造的物质财富与精神财富的总和，即一切非自然的、由人类所创造的事物或对象。

数学是人类文化特有的，同时也是普遍的表现形式。数学文化这一概念能够概括包容与数学有关的人类活动的各个方面。数学文化研究不仅可以进一步揭示数学的内在科学结构，而且可以描绘整个社会数学化的趋势并深刻表现数学的文化特征和人性化色彩。数学文化研究立足于数学自身的客观性和人类文化建构的能动性、创造性，把自然、社会与人的和谐统一视为整个数学文化价值的评判标准，数学文化的观念确立了数学与人文、社会科学的密切关系，并赋予数学越来越多的在非自然科学领域的应用价值。

数学文化作为人类基本的文化活动之一，与人类整体文化息息相关。在现代意义下，数学文化作为一种基本的文化形态，是属于科学文化范畴的。从系统的观点看，数学文化可以表述为以数学科学体系为核心，以数学的思想、精神、知识、方法、技术、理论等所辐射的相关文化领域为有机组成部分的一个具有强大精神与物质功能的动态系统。其基本要素是数学（各个分支领域）及与之相关的各种文化对象（各门自然科学，几乎所有的人文、社会科学和广泛的社会生活）。其作用形式包括数学以其特有的力量推动人类文化的进步，同时数学又从其他相关领域中汲取养分并获得动力。当数学文化健康发展时，两种作用形式交互进行，形成良性互动。数学文化涉及的基本文化因素包括数学、哲学、艺术、历史（不仅是数学史）、教育、思维科学、社会学、化学、物理学、生物学等。数学不仅是物质文明的基石，而且是精神文明的宝贵财富。

在现代科学体系的分类中，如钱学森所阐明的，数学已与自然科学和社会科学相并列，而不再作为自然科学的一个门类。这一新的划分标准适应了现代数学发展的要求，对于理解数学文化的本质有重大推动作用。数学作为连接自然科学与人文社会科学的纽带，扮演着沟通文理、兼容并蓄、弥合文化裂痕的文化使者的角色。现代数学文化处于人类文化发展的较高阶段，数学作为科学的典范，在近代文化中逐渐取得其文化优势。这种优势首先是在科学思想与理性思想击败错误的神学宇宙思想与宗教信仰的过程中获得，在自然科学的数学化进程中被强化巩固的，最终是以数学在几乎所有的人类活动中的广泛应用得到确立的。数学已成为信息社会不可或缺的支柱力量，在新技术革命和信息革命浪潮中，数学及其技术已成为最宝贵的思想与理论财富。

由于数学是人类最高超的智力成就，也是人类心灵最独特的创作，……无论就事实性结论（命题），或是就问题、语言和方法而言，都是人类思维的产物，而且它们又都应被看成社会的建构，这也就是说，只有为"数学共同体所一致接受的数学命题、问题、语言和方法才能真正成为数学的组成部分"（M.克莱因）。这就表明数学对象虽然具有客观实在性，但不是物理世界中的实在，即并非物质世界中的真实存在，而是人类抽象思维的产物。所以，从这个意义上讲，数学就是一种文化。在现代人类文化的研究中，另一种较为流行的观点是：把文化看成是由某种因素（居住地域、民族性、职业等）联系起来的各个群体所特有的行为、观念和态度等，也即是指各个群体所特有的"生活（行为）方式"。在现代文明社会中，数学家也构成了一个特殊的群体——数学共同体。在这个共同体中，每一个数学家都必然地作为该共同体的一员从事自己的研究活动，从而也就必然地处在一定的数学传统之中，这种数学传统包括核心思想、规范性成分和启发性成分，它是一种成套的行为系统，并保持着一定的稳定性，这就构成了数学共同体所特有的行为、观念和态度。这就是说，数学是一种以数学共同体为主体，并在一定文化环境中所从事的创造性活动。所以，从这个意义上讲，数学也是一种文化。

在对数学历史发展的研究中，一个重要的观点是数学的发展是由外部力量（环境力量）和内在力量（遗传力量）共同作用的结果。其外部力量不仅为数学的发展提供了重要动力，而且也提供了必要的调节因素和检验标准。而其内部力量主要表现为两个方面：一方面是历史的传承和积淀。作为一门有组织、独立的和理性学科的数学，不管它发展到怎样的程度，都离不开历史和积淀的过程。正如亚历山大所指出的，数学的发展"不是用破坏和取消原有理论的方式进行的，而是用深化和推广原有理论的方式，用以前的发展准备提出新的概括理论的方式进行的"。这即表明了数学发展的历史性和连续性。另一方面是数学传统与数学发展现实状况（包括已取得的成功及种种不尽如人意的地方，如长期未得到解决的问题的存在，不相容性的发现，现有符号的不适应等）的辩证关系，这是决定数学发展的主要矛盾之一。以上分析表明，数学的发展有其相对的独立性，但外部力量对其发展也能起到决定性的作用，即数学系统在总体上是开放的，它可以被看成是整个人类文化的一个子系统。这即是一种更高层次的数学文化观。

综上所述，数学文化观是人们对"数学是什么"的根本看法和认识。文化是指人类在社会历史实践过程中所创造的物质财富与精神财富的总和，人类文化的内涵包括人类思维方式、行为模式以及历史观念。数学是一种文化，而且是人类文化的重要组成部分，这是由数学对象的人为性、数学活动的整体性和数学发展的历史性决定的。

首先，数学的研究对象即数学对象是数学活动的客体成分，它并非物质世界中的真实存在，而是抽象思维的产物，因此，从文化的概念来讲，数学就是一种文化。与一般文化物相比，数学的特殊性在于数学对象的形式建构性与数学世界的无限丰富性和秩序性，且数学对象应被看成是社会的建构，即只有为社会共同体所一致接受的数学命题、问题、语言和方法才能真正成为数学的组成成分。

其次，从事数学活动的数学家是数学活动的主体成分。由于在现代社会中数学家必定是作为一定社会共同体的一员而从事自己的研究活动的，或者说，他们的数学活动必定是在一定的传统指导下进行的，因此，从从事数学活动的数学家这一角度看，数学文化是指特定的数学传统，即数学家的行为方式。

最后，在数学活动历史演化进程即数学的发展历史中，数学文化的内涵具有多变性。从历史角度看，数学最初只是作为整个人类文化的一部分得到了发展，随着数学本身与整个人类文明的进步，数学又逐渐表现出了相对的独立性，尤其是获得了特殊的发展动力内驱动力，并表现出了特有的发展规律。因此，有些学者认为，现代数学文化已经处于人类文化发展的较高阶段，并可被认为构成了一个相对独立的文化系统或者说文化子系统。

从以上对数学对象的人为性、数学活动的整体性和数学发展的历史性的分析中看到，数学是一种文化，是人类文化的重要组成部分。而且现代文明是一种以数学精神、数学理性为基底的文化，没有现代数学就不会有现代文化，没有渗透现代数学的文化是注定要衰落的。

三、数学文化观的理论意义

在西方学者的观念中，数学文化观是由西方数学哲学和人类文化学的发展推动而形成与发展的，是一种文化体系。从人类文化学的角度把数学看作是一种文化，强调数学作为文化系统的一个子系统所具有的文化特征；从数学哲学的角度把数学看作是一种文化，强调数学是对自身特征的一种思辨。这种数学文化观使传统的数学哲学开始注重数学自身具有的构造性之外的文化和社会属性，同时强调了数学具有的广泛社会实践性。数学文化观的理论意义表现在以下几个方面：

（一）数学文化观为数学教育提供了一种新的理念

数学文化观不仅为数学哲学和数学史，更为重要的是为数学教育提供了一种新的理念。

西方学者把数学看作是一种文化体系，是在表明数学知识是一种文化传统，数学活动是一种社会性的活动，因此，人们可以用社会科学的方法说明数学的活动，从而寻找出一些支配文化系统的普遍法则，并运用这些普遍法则来说明或支配数学这一文化系统中的子系统。

就数学教育而言，西方学者运用数学的文化观，强调数学家群体、数学教育活动的文化—社会特征，把数学看作是一种动态的、相对的理论构造的逻辑体系，从语言、问题、论证、思维活动等方面展开数学的教育活动。

（二）数学文化观使我们从人类文化的层面理解数学文化的中西方差异

人类文化学认为文化有三个层面：（1）文化的精神层面，它包含心理、思维、观念等；（2）文化的社会层面，它包含规则、风俗、生活制度等；（3）文化的物质层面，它包含生产工具、生活用具、技艺和操作方法等。

对于中国数学教育而言，数学文化观提供给我们的不仅是模仿西方展开数学教育的活动形式，更为重要的是，数学文化观使我们从人类文化的层面理解了数学作为一种文化在中西方文化中的差异。

中西文方化形成了各自不同的文化心理和价值观念，数学作为一种文化显然受中西方文化中不同的文化心理和价值观念支配。在数学文化的学习和运用中，寻找中国儒家文化与西方基督教文化在数学这个文化子系统中存在的文化心理与价值观念的差异，并由这个差异来说明和指导中国数学教育活动的开展，这是数学文化观对中国数学教育界的理论指向所在。数学文化观最基本的理论在于它的文化层面的分析，即它强调不同民族、不同地域文化所具有的数学文化的差异。数学作为一种文化系统，在教育意义上强调的是由此展开的数学教育的内容和方式应当根据中西方文化的不同文化心理和价值观念有所不同。因此可以认为，数学文化观在中国数学教育领域中，应当首先（或者说主要）解决如下两个问题：其一，关于数学文化的中西方差异的研究（表象的存在形式、目前的影响等）；其二，关于中西方数学教育存在的文化心理和价值观念的研究（深层的文化因素、价值观念的形成等）。

从文化的层面考察，通过对中西方数学文化的差异分析，认为西方的数学处于文化系统的精神层面并影响着整个文化系统，即西方数学处于文化系统的主导层面。而中国的古代数学处于文化系统的应用、技艺层面，属于文化系统的从动层面。中西方数学在各自文化系统中存在的差异，为中国数学文化史和中国数学教育的研究提供了文化学（文化传统）方面的独特的思考空间。

在数学教育的历史考察中，由于中西方数学文化存在的文化层面的差异，客观上就形成了不同的数学文化心理和数学价值取向。

第二节　数学文化的三种形态

一、数学文化的三种形态

数学文化有三种形态：学术形态、课程形态和教育形态。下面对这三种形态数学文化的内涵、特征作简要概述。

（一）学术形态的数学文化

1. 学术形态数学文化的内涵

学术形态的数学文化来自数学家群体，是指这个群体在从事数学研究活动中表现出来的优秀品质，而这些优秀品质对人类社会的进步和发展以及人的素质的提高具有重要的作用。

学术形态的数学文化是以数学为载体而产生的特殊的人类文化表现形式，是通过对数学科学本体性知识的生产和运用而表现出来的人类文化表现形式。

许多研究者提出的数学文化概念都是这一形态的表现，大多数数学家提出的数学文化概念都属于这一范畴。学术形态的数学文化的内涵已成为一些研究者关注的焦点，综合各种观点，其研究的视角大致可分人类文化学、数学活动、数学史三个维度。这样就从数学对象的人为性、数学活动的整体性、数学发展的历史性三个不同层次上指出了数学文化的意义。

例如，数学是一种文化。文化有广义、狭义之分。广义的文化是相对自然界而言的，是指人类的一切活动所创造的非自然的事物和对象。狭义的文化，则是指人类的精神生活领域。数学是人类文化的重要组成部分，是独特的而又自成体系的一种文化形态。

又如，数学文化作为人类基本的文化活动之一，与人类整体文化血肉相连，在现代意义下，数学文化作为一种基本的文化形态，是属于科学文化范畴的；从系统的观点看，数学文化可以表述为以数学科学体系为核心，以数学的思想、精神、知识、方法、技术、理论等所辐射的相关文化领域为有机组成部分的一个具有强大精神与物质功能的动态系统。

再如，现代数学已经发展为一种超越民族和地域的文化。数学文化是由知识性成分（数学知识）和观念性成分（数学观念系统）组成的。它们都是数学思维活动的创造物。数学家在创造数学文化的同时，也在创造和改造着自身。在长期的数学活动中形成了具有鲜明特征的共同的生活方式（这种生活方式是由数学观念成分所制约的），并形成了一个相对固定的文化群体——数学共同体（数学文化的主体）。《全日制义务教育数学课程标准》

指出："数学是人类的一种文化，它的内容、思想、方法和语言是现代文明的重要组成部分。"《普通高中数学课程标准（实验）》解读中提到："一般说来，数学文化表现为在数学的起源、发展、完善和应用的过程中体现出的对于人类发展具有重大影响的方面。它既包括对于人的观念、思想和思维方式的一种潜移默化的作用，对于人的思维的训练功能和发展人的创造性思维的功能，也包括在人类认识和发展数学的过程中体现出来的探索和进取的精神及所能达到的崇高境界等。"

郑强等人从社会学视角提出的数学文化概念也属于学术形态数学文化概念的范畴。"考虑到数学文化的整个形成过程，我们借用'群体'以及'意义网络'两个社会学基本概念，将数学文化界定为：数学文化是由数学家群体在认识数学世界和相互交往中自觉形成的一种相对独立、相对稳定的社会意义网络。处在这个意义网络中的有数学研究者、数学语言符号、数学的思想方法、研究成果、精神与价值观念及其共享群体。这里，数学共同体是由数学研究者组成的特殊社会群体，是数学文化的创造主体；数学语言符号是用于数学共同体内部相互间的交往以及成果的表达工具；数学思想方法是数学工作者在研究过程中所借助的，并导致了成果的思想方法和研究方法；研究成果是数学的理论、实验和实践性产品；共享群体是数学文化所辐射的广泛人类群体也是数学文化的受用主体。"

2. 学术形态数学文化的特征

《普通高中数学课程标准（实验）》解读认为，数学的抽象性和形式化的特点是数学文化的重要特征；数学的严密性也是数学具有很强文化性的重要特征；数学在应用方面的广泛性是数学文化的重要特征。

也有人认为，学术形态数学文化的特征应包括如下几个方面：①数学文化是传播人类思想的一种基本方式，数学语言作为人类语言的一种高级形态，是一种世界语言；②数学文化是衡量自然、社会、人之间相互关系的一个重要尺度；③数学文化是一个动态的、充满活力的科学生物；④数学知识具有较高的确定性，数学文化具有相对的稳定性和连续性；⑤数学文化是一个包含着自然真理在内的具有多重真理性的真理体系；⑥数学文化是一个以理性认识为主体的具有强烈认识功能的思想结构；⑦数学文化是一个由其各分支的基本观点、思想方法交叉组合构成的具有丰富内容和强烈应用价值的技术系统；⑧数学文化是一门具有自身独特美学特征、功能与结构的美学分支。

以上论及的这些范畴都属于学术形态数学文化的特征，这些观点都是从数学的学科视角或者是从人类文化学的视角提出来的，是这些特征的共同基础。这一共同基础涉及的社会群体主要是数学家群体。

3. 学术形态数学文化概念的提出及意义

学术形态数学文化概念的提出不仅能够充分发挥数学知识的载体在人类社会活动中的作用，反映了数学家群体所特有的共性文化特征，而且能够使得数学文化成为一个专门的研究领域，进一步加快了数学文化科学理论化的步伐。

学术形态数学文化概念提出的意义不仅在于能够充分发挥数学知识载体的作用，而且能够汲取具有这些特长的数学家身上的优秀品质。同时能够从学术的视角来审视数学文化这一领域，更突出了数学文化向专门化、科学化和规范化发展的必然趋势。

（二）课程形态的数学文化

1. 课程形态数学文化的内涵

学术形态数学文化概念的提出使数学文化走向科学化、专门化，这就使得数学文化发展为一门理论或者学科成为必然。

什么是课程形态的数学文化呢？郑强说："作为课程形态的数学文化，我们认为，它应反映数学文化研究的成果，从可操作的实践层面，为数学文化教育价值的实现奠定基础，它应从哲学的层次，用通俗的语言，表达深刻的数学思想观念系统，并以一定的形式呈现给学习者。""作为课程形态的数学文化的外延应包括数学史的知识；反映数学家的求真、求善、求美、智慧、创新、理智、勤奋、自强、理性、探索精神等的故事；反映数学重要概念的产生、发展过程及其本质；可以向数学应用方向扩展的重要数学概念、数学思想、数学方法，如对称、直观与理性、函数概念、时间与空间、小概率事件等；数学的思维和处理问题的方式；数学科学对人类社会和经济发展的巨大作用的体现等。"

由此可见，课程形态的数学文化是把学术形态数学文化的研究成果"吸收"到教育领域来，根本的目的在于育人，在于如何使数学科学中的人文性在育人中发挥作用。

2. 课程形态数学文化的特征

课程形态的数学文化的特征不仅包括学术形态的数学文化的特征，而且还具有如下特征：

①具有课程化的特征。这主要是指这种形态的数学文化便于传承，而且可操作性强，易于实施。

②具有直接反映数学本质的特征。这主要是指这种形态的数学文化是从数学史、数学哲学及人类文化学的宏观角度来体现数学的，而这恰恰是反映数学本质的重要形式，一个典型的例子是数学公理化方法的呈现。初等数学新课程倡导的方式正体现了此特征，传统课程采用的方式则把数学公理化方法"淹没"在证明与计算的"海洋"里，从而失去了认识数学本质的机会。

③具有多元化的特征。主要表现为既关注数学的发展，又关注数学研究者。数学的发展既包括基础数学的发展，又包括数学应用方向的开拓及其对人类社会发展的重大影响和作用，还包括数学哲学层次的认识和发展。关注数学研究者既要关注研究者个体，又要关注研究者整体，即数学共同体。

④具有便于学习者体验的特征。课程形态的数学文化不仅顾及科学的数学，还顾及人文的数学即学习者的体验、情感态度和价值观等。

3. 课程形态数学文化概念的提出及意义

课程形态数学文化概念提出的着眼点在于如何将学术形态的数学文化落实到教育教学活动中，是一种对学术形态的数学文化的教育实施的规划和设计，同时也包含数学文化价值在数学教育教学活动中的实现程度。

从某种角度讲，课程形态数学文化概念提出的意义在于对学术形态的数学文化研究成果的利用，课程形态数学文化是一种从教育的视角来审视和规划、实施与设计形态的数学文化。通过这种审视，能够进一步发现数学科学的教育方面的价值，特别是可能对学生的非智力因素方面的发展具有重要的意义。

课程形态数学文化涉及的群体主要是数学教育研究者，因为数学教育研究者是数学课程的主要设计者。

（三）教育形态的数学文化

1. 教育形态数学文化的内涵

什么是教育形态的数学文化呢？郑强等人认为："按照社会学家关于文化是一种意义网络的观点，教育形态数学文化就是将数学学习者社会化到数学文化这一意义网络之中的文化活动。社会化的结果是学生能运用数学的语言、数学方法及数学思维与数学的科学态度，在数学文化的意义网络中自由交往，从而逐渐使数学文化所承载的文化精神根植于学习者的头脑和社会整体文化中。"教育形态的数学文化重在强调教育的社会化功能，强调从更广泛的传播学的视角来探讨数学文化的本质。

2. 教育形态数学文化的特征

郑强等人认为："教育形态的数学文化是运用教育学的方式加工了的，易被学生体验、感悟和接受的数学文化，是活化了的数学文化。学生处于教育形态的数学文化之中，能充分感受和体验到数学文化的魅力和数学的博大精深，能自觉地接受数学文化的感染和熏陶，产生文化的共鸣，体会到数学文化的品位和数学的人文精神。数学是人创造的，必然打上社会的烙印。"

由此可见，教育形态的数学文化的特征在于活化和运用教育学的方式的加工。这种形态的数学文化进一步把数学文化的学术形态与学习者相结合。教育形态的数学文化应该区别于具有学术形态的数学文化。数学教学既要讲推理，更要讲道理。这些道理中就包括数学文化底蕴。

举一个例子，平面几何课程里有"对顶角相等"，这是一眼就可看出其正确性的命题。教学的主要目的不是掌握这一事实本身，而是要了解为什么古希腊人要证明这样显然正确的命题，为什么中国古代算学没有"对顶角相等"的定理，这一命题理性思维的价值在哪里，若能联系古希腊的历史政治背景加以剖析，则有更深刻的文化韵味。反之，如果依样画葫芦，只是"因为""所以"的在黑板上把教材上的证明重抄一遍，那就是"文而不化"，没有文化味了。

3. 教育形态数学文化概念的提出及意义

从某种意义上讲，教育是一种社会化活动，教育形态的数学文化这一概念就是在数学科学对人的影响下从社会学和传播学的角度提出的。

教育形态的数学文化这一概念的提出为学术形态的数学文化的研究提供了新的视角，同时丰富了课程形态的数学文化这一概念。

教育形态的数学文化涉及的主要群体是教师和学生，因为教师和学生是数学教学活动的参与者。

二、数学教育文化

数学文化作为一门科学研究的对象，是随着人们对其认识的不断加深而进一步得到强化和重视的。通过对数学文化研究的进一步分析和研究，文化视野下数学教育理论研究的重要概念——数学教育文化的概念被提出。

（一）数学教育文化概念

三种形态数学文化概念的共性就是从文化的视角来看数学科学的理论、数学的研究活动和数学教育教学的活动。在此基础上，提出文化视野下数学教育理论研究的重要概念——数学教育文化的概念，把学术形态的数学文化、课程形态的数学文化和教育形态的数学文化三个概念作为数学教育文化的基础概念。学术形态的数学文化是一种处于萌芽状态的数学教育文化，课程形态的数学文化是一种教育价值实现视角的数学教育文化，教育形态的数学文化是一种强调数学教育文化动态传播过程的数学教育文化。

从社会群体的角度来看，数学教育文化概念涉及三个社会群体：一是数学家群体，二是数学教育研究者群体，三是教师和学生群体。这三个群体是数学教育文化的主要群体。

（二）数学教育文化观

数学教育文化观是在数学教育文化概念的基础上提出的，是一种数学教育文化价值观的表现形式，是文化视野下数学教育理论研究的重要内容。它不是从数学科学的学术角度考虑数学教育教学的价值，而是重在从育人或者大众化的文化角度来考虑数学教育教学的价值问题。数学教育文化观的形成是一个长期的过程，其内容也在这一过程中逐步形成。

数学教育文化观的内容主要表现在数学家群体的数学研究活动、数学教育研究者群体的数学教育研究活动以及教师和学生群体的数学教育教学和学习活动的过程中。

第三节 数学文化的学科体系

数学文化既然是一门学科，自然就有它的学科体系。那么，数学文化的框架结构或者说它的支撑点是什么呢？美国文化学家克罗伯（A.Kroeber）和克拉克洪（C.Kluckhonn）对文化的界定，对我们研究数学文化学科体系有启迪作用。他们认为文化由外显的和内隐的行为模式构成，这种行为模式通过象征符号获得和传递；文化代表了人类群体的显著成就，包括它们在制造器物中的体现；文化的核心部分是传统的观点，尤其是它所带的价值；文化体系一方面可以看作是活动的产物，另一方面是进一步活动的决定因素。显然，按上述理解，文化的概念是与社会活动、人类群体、行为模式、传统观点等概念密切相关的。因此，数学文化的学科体系包括现实原型、概念定义、模式结构，三者缺一不可，称现实原型、概念定义、模式结构为数学文化学的三元结构。

一、现实原型

数学起源于现实世界，现实世界中人与自然之间的诸多问题就是数学对象的现实原型。没有现实世界的社会活动，就没有数学文化。人们通过对现实原型的大量观察与了解，借助经验的发展以及逻辑的非逻辑手段抽象成数学概念(定义或公理)。麦克莱恩（S.Machane）在其著作《数学: 形式与功能》中，列举了经过15种活动产生的数学概念。显然这个过程为：由活动上升为观念，再抽象为数学概念（如表2-1所示）。

表2-1　人类活动与数学概念

活动	观念	概念
收集	集体	（元素的）集合
数数	下一个	后继、次序、序数
比较	计数	对应、基数
计算	数的结合	加法、乘法规则、阿贝尔群
重排	置换	双射、置换群
计时	先后	线性顺序
观察	对称	变换群
建筑赋形	图形、对称	点集
测量	距离、广度	度量空间
移动	变化	刚性运动、变换群、变化率
估计	逼近、附近	连续性、极限、拓扑、空间
挑选	部分	子集、布尔代数

活动	观念	概念
论证	证明	逻辑连词
选择	机会	概率（有利／全部）
相继行动	接续	结合、变换群

可见，数学概念来源于经验。如果一门数学学科远离它的经验来源，沿着远离根源的方向一直持续展开下去，并且分割成多种无意义的分支，那么这一学科将变成一种烦琐的资料堆积。正如冯•诺伊曼在《论数学》一文中所说："远离经验来源，一直处于'抽象'近亲交配之中，一门数学学科将有退化的危险。"

二、概念定义

数学概念的形成是人们对客观世界认识的科学性的具体体现。麦克莱恩把人类活动直接导致的数学学科也列了一个表，如表 2-2 所示。

表 2-2　人类活动与数学学科

人类活动	数学学科
计数	算术和数论
形状	实数、演算、分析
度量	几何学、拓扑学
造型（如在建筑学中）	对称性、群论
估计	概率、测度论、统计学
运动	力学、微积分、动力学
计算	代数、数值分析
证明	逻辑
谜题	组合论、数论
分组	集合论、组合论

显然，我们有理由认为数学起源于人类各种不同的实践活动，再通过抽象成为数学概念。而数学抽象是一种建构的活动。概念的产生相对于（可能的）现实原型而言往往都包含一个理想化、简单化和精确化的过程。例如，几何概念中的点、直线都是理想化的产物，因为在现实世界中不可能找到没有大小的点、没有宽度的直线。同时，数学抽象又是借助明确的定义建构的。具体地说，最为基本的原始概念是借助相应的公理（或公理组）隐蔽地得到定义的，派生概念则是借助已有的概念明显地得到定义的。也正是由于数学概念的形式建构的特性，相对于可能的现实原型而言，通过数学抽象所形成的数学概念（和理论）就具有更为普遍的意义，它们所反映的已不是某一特定事物或现象的量性特征，而是一类事物在量的方面的共同特性。

另外，数学抽象未必是从真实事物或现象直接去进行抽象，也可以以已经得到建构的数学模式作为原型，再间接地加以抽象。正如美国当代著名数学家斯蒂恩（L.Steen）所说："数学是模式的科学，数学家们寻求存在于数量、空间、科学、计算机乃至想象之中的模式……模式提示了别的模式，并常常导致了模式的模式。正是以这种方式，数学遵循着自身的逻辑：以源于科学的模式为出发点，并通过补充所有的由先前模式导出的模式使这种图像更加完备。"

三、模式结构

斯蒂恩的上述言论也揭示了数学主要研究理想化的量化模式。

这个观点至少可追溯到 20 世纪 50 年代前英国哲学家怀特海在以《数学与善》为题的一次著名讲演中的看法。一般说来，数学模式指的就是，按照某种理想化要求（或实际可应用的标准）来反映或概括地表现一类或一种事物关系结构的数学形式。当然，凡是数学模式在概念上都必须具有一意性、精确性和一定条件下的普适性以及逻辑上的演绎性。

例如，常常说数学的实在即文化，而实在就要涉及数学模式的客观真实性和实践性（即实际可应用性）等问题。

数学模式的客观性可从两个不同的角度来考察：首先，合理的数学模式应该是一种具有真实背景的抽象物，而且完成模式构造的抽象过程是遵循科学抽象的规律的。因此，我们应该肯定数学模式在其内容来源上的客观性。其次，数学模式往往是创造性思维的产物，但是它们一旦得到了明确的构造，就立即获得了"相对独立性"，这种模式的客观性可以叫作"形式客观性"。基于上述两种"客观性"的区分，我们引进两个不同的数学真理性概念：第一，现实真理性。这是指数学理论是对于现实世界量性规律性的正确反映。第二，模式真理性。这是指数学理论决定了一个确定的数学结构模式，而所说的理论就其直接形式而言就可被看成关于这一数学结构的真理。一般说来，数学的模式真理性与现实真理性往往是一致的。这是因为作为数学概念产生器（反应器）的人类的大脑原是物质组织的最高形式，再加之数学工作者的思维方式总是遵循着具有客观性的逻辑规律来进行的，因此思维的产物——数学模式与被反映的外界（物质世界中的关系结构形式）往往是一致的，而不能是相互矛盾的。

第四节　数学的文化价值

数学极其重要的价值体现在数学为社会发展和人类文明进步提供动力，以及许多基础学科、工程技术和整个社会日益增长的数学化需求上。在这一过程中数学文化的价值表现在：

第一，数学文化是传播人类思想的一种基本方式，数学语言在其漫长的发展历程中体现出统一的趋势，作为一种科学语言，数学语言是跨越历史、跨越时空的，数学语言逐渐演变成一种世界语言。

第二，数学文化是自然、社会、人之间相互关系的一个重要尺度。现代社会发展的一个基本特征是人与自然的关系不再是简单和直接的，而是需要借助强大的社会生产力。社会系统日益复杂和发达，科学的管理尤为重要，要解决诸如人口过快增长、资源合理配置、可持续发展、生态平衡、环境保护等问题，数学是必不可少的理论工具。随着数学从传统的自然科学分类中独立出来，以及数学思想方法在人文社会科学研究中的广泛应用，从量化和模式化的角度看数学已成为连接自然科学与社会科学的一条纽带。

第三，数学文化是一个动态的充满活力的科学生物。数学作为相对独立的知识体系，其基本特点是抽象性、统一性、严谨性、形式化、模型化、广泛的应用性和高度的渗透性。数学研究的对象是一个动态的概念体系。它随着数学在不同历史时期的发展而被赋予逐步变化、越来越丰富深刻的特征。数学的抽象性作为数学认识的出发点，是数学成为一门科学的标志。随着数学认识的深化，数学的严谨性和形式化水平越来越高，数学的不同分支不断扩大，数学被赋予更多的内在统一性。自 20 世纪末以来，数学方法在各门科学中的应用性日益扩大，数学思想也广泛渗透于人类不同的文化领域中，数学模型成为连接抽象理论与现实世界的桥梁，数学显示出其前所未有的世界文化风采。

第四，数学知识具有较高的确定性，因而数学文化具有相对的稳定性和连续性，数学是人类对于知识确定性信仰的一个重要来源。

第五，数学文化是一个包含着自然真理在内的具有多重真理性的真理体系。

第六，数学文化是一个以理性认识为主体的具有强烈认知功能的思想结构。数学是孕育理性主义思想的一个摇篮，是人类向自然发问、寻求自然规律的工具，是开创近代科学的坚实理论基础之一，是科学最终击败巫术、占星术、占卜神学等非科学自然观的有力武器。数学作为理性主义的典范，其思维活动体现了理性思维的精髓。数学思维不仅包括逻辑思维，还包括直觉思维和潜意识思维。思维的不同类型的精妙绝伦的匹配和组合，不仅构成数学思维的精髓，而且是一切科学思维的本质特征。

第七，数学文化是一个由其各个分支的基本观点、思想方法交叉组合构成的具有丰富内容和强烈应用价值的技术系统。在信息社会，数学的方法论性质也产生了变迁，从传统的以推理论证为主的研究范式，逐步扩展为包括计算机实验在内的新型研究方法。数学除了其基础理论日益渗透多学科之外，随着数学方法在多学科领域的拓展，特别是与计算方法有关的数学方法的广泛应用，数学越来越呈现出其高技术的特点。

第八，数学文化是一门具有自身独特美学特征功能与结构的美学分支。数学的文化价值体现在对于整个民族理性精神的形成以及人们形成良好思维习惯的重要作用。具体地说，数学的文化价值可以从宏观和微观两个角度加以分析：宏观上，数学对于整个民族理性精神的形成有着重要作用；微观上，数学对于人们形成良好思维习惯有着重要作用。

一、数学的文化价值体现在形成民族理性精神

理性精神对一个民族的生存与发展特别重要，它集中体现了人们对于外部的客观世界与自身的总体性看法或基本态度。数学在理性精神的形成和发展过程中起着重要作用。数学理性的内涵包括以下几个方面。

（一）主客体的严格区分

主客体的严格区分，就是在自然界的研究中应当采取纯客观的理智态度，不应掺杂任何主观的、情感的成分。客体化的研究立场是数学研究的特征。也就是说，尽管数学的研究对象不是现实世界中的真实存在，而只是抽象思维的产物，但在数学研究中，应采取客观的立场，即应当把数学对象看成是一种不依赖于人类的独立存在，并通过严格的逻辑分析去揭示其固有的性质和相互关系。主客体的严格区分，就是承认一个独立的、不以人们意志为转移的客观世界的存在，这是自然科学研究的一个必要前提。

（二）对自然界的研究是精确的、定量的

对自然界的研究应当是精确的、定量的，而不应是含糊的、直觉的，这一基本思想是数学理性的核心。它不仅揭示了科学研究的基本方法，也表明了科学研究的基本目标，即要揭示自然界内在的规律。这一基本思想具体来讲，即为自然界是有规律的，这些规律是可以认识的。数学给予精密的自然科学某种程度的可靠性，没有数学，这些科学是达不到这种可靠性的。

精确的、定量的研究是客观性的标志，据此可以对物质的属性做出第一性质和第二性质的区分：凡是能定量地确定的性质是物质所真实具有的，是第一性质；凡是不能定量地确定的性质则并非物质所固有的，而只是由主体所赋予它们的，是第二性质。当知识通过感官被直接提供给心灵时，是模糊、混乱和矛盾的，从而也就是不可靠的；与此相反，真实世界事实上只是量的特征的世界，只有从量的角度去从事研究，我们才能获得确定无疑、永远为真的知识。因此，自然科学的研究就应该严格限制第一性质的范围，即应当局限于那些可测量并可定量地予以研究的东西。尽管关于第一性质与第二性质的区分有着明显的局限性，但这是对科学研究对象首次严格地界定，因而有重要的历史意义。

（三）批判的精神和开放的头脑

批判的精神实质上表明了一种真理观，即任何权威或者自身的强烈的信念，都不能被看成判断真理性的可靠依据；一切真理都必须接受理性法庭的裁决；在未能得到理性的批准以前，我们应对一切所谓的"真理"都持严格的批判态度。批判的精神是理性精神的一

个重要内涵。

数学在批判的精神的逐步形成和不断壮大的过程中发挥了很大的作用：首先，从古希腊到近代欧洲，数学一直被视为真理的典范。其次，从更深的层次看，数学则又可以说是为人们的认知活动提供了必要的信心，从而不至于因普遍的批判而倒向怀疑主义和虚无主义。最后，从历史的角度看数学的贡献，正如 M. 克莱因所说："在各种哲学系统纷纷瓦解、神学上的信念受人怀疑以及伦理道德变化无常的情况下，数学是唯一被大家公认的真理体系。数学知识是确定无疑的，它给人们在沼泽地上提供了一个稳妥的立足点。"

数学作为一种"看不见的文化"，对于人们养成批判的精神的影响还在于批判的精神是由人们的求知欲望直接决定的，因此在对真理的探索过程中应始终保持头脑的开放性，即如果当一个假说或理论已经被证明是错误的，那么，无论自己先前曾有过怎样强烈的信念认为其正确，现在都应与之划清界限；反之，如果一个假说或理论已经得到了理性的确证，那么，无论自己先前曾对此具有怎样的反感，现在又都应当自觉地去接受这一真理。

从思维发展的角度看，头脑的开放性与强烈的进取心直接相联系，它与批判的精神更有着互相补充、相辅相成的密切关系。

（四）抽象的、超验的思维取向

抽象的、超验的思维取向是指我们应当努力超越直观经验并通过抽象思维达到对于事物本质和普遍规律的认识。在数学中，抽象的、超验的思维取向有最典型的表现，数学作为"模式的科学"，不是对于真实事物或现象的直接研究，而是以抽象思维的产物，即量化模式，作为直接的研究对象；数学规律反映的不是个别事物或现象的量性特征，而是一类事物或现象的共同性质。对于普遍性的追求也就成了科学家们的共同目标。

二、数学的文化价值体现在形成人们良好的思维习惯方面

数学对于人们养成良好的思维习惯有着十分重要的意义，特别是人们的一些思维模式或研究思想，或者直接源于数学，或者在数学研究中有着最为典型的表现。更重要的是，这些思维模式或研究思想又都在数学以外产生广泛的影响并取得成功的应用。这些思维模式或研究思想体现在以下几个方面。

（一）数学化的思想

所谓数学化，是指如何由实际问题去建构出它的数学模型，并应用数学知识和方法以求得问题的解决。

数学化的过程直接关系到数学的实际应用，从更深层次看，数学化的过程涉及一些十分重要的思维方法或研究思想：由定量到定性的研究思想以及简化和理想化的思想。

第一，由定量到定性的研究思想是指，在对事物或现象进行研究时，应当尽可能地用

数学的概念去对对象做出刻画，并通过数学的研究去揭示其内在的规律。定量分析方法的应用在现今已不再局限于物理学、化学等自然科学，而是进一步扩展到人文科学和社会科学的范围，数学的应用不存在任何绝对的界限，这点由经典数学发展到统计学、由精确数学发展到模糊数学可以清楚地看出。由于精确性一直被看成数学的主要特点之一，因而在很长时期内人们就一直认为数学对于模糊事物和现象的研究是无能为力的，但是数学的现代发展，具体地说，由美国控制论专家查德（L.Zadeh）率先发展的模糊数学又突破了这一历史的局限性。

第二，相对于实际问题，数学化的过程必然包含一定的简化和理想化，即在数学模型的建构过程中我们应当集中于具有关键作用的量和关系。牛顿关于天体运动的研究就对研究对象作了极大的简化，即假设太阳自身是不动的，且太阳和相关的行星都可被看成数学上的点，其他行星对这一行星的引力以及这一行星对于太阳的引力则是微不足道的。必要的简化是科学研究能够顺利进行的一个必要条件，数学世界只是真实世界的一个简化了的模型。至于说理想化，社会科学研究中"理想人"的概念就是一个理想化的例子。具体来说，统计表明，尽管每个具体的个人在智力、体力等方面可能存在差别，但整体上人类所有特征又都呈现出正态分布现象。因此，通过理想化，即以数学为工具的理想化创造一个"理想人"的概念：以各分布曲线的平均值为特征值。

（二）公理化的思想

所谓公理化，是指在理论的组织中应当用尽可能少的概念和命题作为必要的基础，并通过明确的定义和逻辑推理来建立演绎的体系。公理化作为一种组织形式，涉及诸多命题和概念间的逻辑联系，从而包含了由个别向整体的过渡，因此，相对于数学化，公理化的思想达到更高的抽象层次。

公理化过程是将研究对象由个别的命题和概念扩展到相应的集合，并能清楚地揭示概念和命题之间的逻辑关系，因此，公理化常常被看成是对理论进行整理和进行表述的最好形式。正如爱因斯坦所说："一切科学的伟大目标，即要从尽可能少的假说或者公理出发，通过逻辑的演绎，概括尽可能多的经验事实。"

数学的公理化思想的影响已经超出自然科学的范围，扩大到政治学、伦理学、经济学等各个方面，各个领域的学者都试图建立公理化的理论体系，代表著作有洛克的《人类理性论》、杰文斯的《政治经济学理论》、瓦尔拉斯的《纯粹经济学要义》、斯宾诺莎的《伦理学》、穆勒的《人性分析》等。希尔伯特说："在一个理论的建立一旦成熟时，就开始服从于公理化方法，……通过突出进到公理的更深层次……我们能够获得科学思维的更深入的洞察力，并弄清我们的真实的统一性。"

（三）思维的自由想象与创造

数学作为"模式的科学"，是以抽象思维的产物作为直接的研究对象的，这就为思维的自由创造提供了可能性。现代数学发展的决定性特点是其研究对象的极大扩展，即由具有明显现实背景的量化模式扩展到可能的量化模式，也即在一定的限度内，可以单纯凭借思维的自由想象与创造，去构造出各种可能的量化模式，因此说，数学为人类创造性才能的充分发挥提供了最为理想的场所。

庞加莱认为数学科学是人类精神从外界借取的东西最少的创造物之一，数学是一种活动，在这种活动中，人类精神起着作用，或者似乎只是自行起着作用和按照自己的意志起作用。在现代科学研究中，理论科学家在探索理论时，就不得不愈来愈听从纯粹数学的、形式的考虑。即"能够用纯粹数学的构造来发现概念以及把这些概念联系起来的定律，这些概念和定律是理解自然现象的钥匙"（爱因斯坦）。

数学创造并不是用已知的数学实体做出新的组合，而在于通过识别、选择作有用的为数极少的组合，审美感在这种选择中发挥了核心作用。因此，数学审美在数学创造中起核心作用。科学家们对于数学美的追求往往反映了他们对于简单性和统一性的追求。

（四）解决问题的艺术

问题解决，即如何综合地、创造性地应用已掌握的知识和方法去解决各种非常规的问题，它构成了数学活动（包括数学研究和数学学习）的一个基本形式。从这个意义上讲，数学是解决问题的艺术。正是通过解决问题的实践，数学家们逐渐发展起来一整套十分有效的解题策略，这些策略不仅可以被用于数学内部，而且可以被用于人类实践活动的各个领域。

在人类的历史发展过程中，人们曾希望能找到这样一种方法，用之即可有效地从事发明创造或成功地解决一切问题，即关于数学发现方法的研究。笛卡儿曾提出过"万能方法"：把任何问题转化成数学问题；把任何数学问题转化成代数问题；把任何代数问题归结为解方程。显然，"万能方法"是不存在的。但是，波利亚说："各种各样的规则还是有的，诸如行为准则、格言、指南，等等。这些都还是有用的。"即可以通过已有的成功实践，包括对于解题过程的深入研究，总结出一般性的思维方法或模式，对新的实践活动起到重要的启发和指导作用。因此，波利亚就把所说的行为准则、格言和指南等统称为"启发性法则"。并且，波利亚在其著作中先后提出这样一些启发性的模式和方法：分解与组合、笛卡儿模式、递归模式、叠加模式、特殊化方法、一般化方法、从后向前推、设立次目标、合情推理的模式（归纳与类比）、画图法、看着未知数、回到定义去、考虑相关的问题、对问题进行变形，等等。

除了具体的解题策略以外，数学对于提高人们的元认知水平以及培养人们提出问题的能力也有着十分重要的意义。

第三章　数学文化研究与数学素质教育

第一节　当代数学教育观的综述

随着全球范围内以课程为抓手的数学教育改革热潮的兴起，传统的基础数学教育受到众多数学教育家的贬斥。他们认为，数学教育从根本上讲，已经不再是单纯的理论知识的传授，而是一种涉及智力和非智力因素的综合教育。数学教育不等于用数学知识加例子来说明，而是涉及文化、心理、环境、情感、意志以及结构、实验、评价、诊断、认知、美学和德育等诸多因素的多维立体教育。本节介绍一些当代数学教育家关于数学教育的主要论述和历代数学家的观点，希冀对目前我国数学教育的再思考有所裨益。

一、数学文化观

国外越来越多的数学教育家持一种"数学文化是人类文化的重要组成部分"的观点。美国著名数学教育家 M. 克莱因的《西方文化中的数学》的出版和曾任美国数学学会主席的 L. 怀尔德的《作为一种文化体系的数学》的推出，均表明数学文化开始受到数学家的更多关注。数学发展史和人类发展史表明，数学一直是人类文明中主要的文化力量，它与人类文化休戚相关，在不同时代、不同文化中，这种力量的大小有所变化。有学者研究认为，数学文化，除了具有文化的某些普遍特征外，还具有如下特征：（1）数学文化及其历史以其独特的思想体系保留并记录了人类在特定社会形式和特定历史阶段文化发展的状态。数学文化是传播人类思想的一种基本方式。（2）数学语言随着数学抽象性和严密性的发展，逐步演变成相对独立的语言系统，其特点是形式化与符号化、精确化与简洁化、通用化与现代化等。数学语言是人类所创造语言的高级形式。（3）数学文化是自然与社会相互联系的一种工具。（4）数学文化是一种延续的、积累的、不断进步的整体，其基本成分在某一特定时期内具有相对不变的意义。数学文化具有相对的稳定性和延续性。（5）数学文化具有高度的渗透性和无限的发展可能性。数学文化以其独特性，已经渗透到人类文化的诸多领域，不仅改变着人类物质与精神生活的各个方面，同时还为物质文明与精神文明的建设提供了不断更新的理论、方法和技术手段。可见，从文化学意义上反思15世纪以来数学的发展，对数学的文化价值作进一步阐述，对我们弄清楚在数学课程中向学生强调哪些数学观以及使数学课程如何更好地反映数学的文化内涵有积极意义。

二、大众数学观

著名数学教育家 G. 波利亚认为，研究数学和从事数学教育的人仅占 1%，使用数学的人占 29%，而不用数学的人占 70%，让 99% 的人陪 1% 的人去圆数学家梦，是数学教育的一大失误。近几十年来，数学教育要面向大众的呼声日渐高涨。1986 年联合国教科文组织下发了 "Mathematics for AU" 的文件， "数学为大众" 的口号迅速传播，现在正影响着全世界数学教育的发展方向，作为服务性学科的数学将以 "科学的侍女" 的身份显示其 "科学女王" 的尊贵。国际数学教育界提出了比较一致的看法是，数学课程应该照顾到各国，特别是发展中国家的国情，绝不能照搬西方的模式。印度尼西亚的埃里芬（A.Arifin）指出，每个国家都应根据自己的国情来设计本国的普及数学教育的水平。他建议在发展中国家应鼓励本国的数学家参与课程设计，因为他们最能理解他们所处的文化背景、社会的需要、民族的挑战和国家的希望，应该尽一切可能去传播他们所拥有的知识。在普及数学教育的过程中，让更多的人去了解数学的发展。

这给我们的启示是：大众数学是义务教育的基本精神在数学教育中的反映。义务教育意义下的数学教育与以往选拔、淘汰式的数学教育的根本区别就在于这。因此，表现在课程上，大众数学旨在建立一种在学生现实生活背景中可以发展起来、适应未来发展需要的新数学课程。表现在评价上，大众数学将促进人们形成这样的信念，即每个人都可以学习数学，而且能学好数学。而表现在教学上，与大众数学相应的教学策略是对问题解决和数学建模的探索。这种探索为我国探究大众数学的理论与实践开拓了新视野。

三、数学意义建构观

建构主义数学学习观是对传统数学教育思想的直接否定。该观点认为，数学学习并非被动的知识接受过程，而必须充分肯定学习过程的创造（再创造）。在教学中应树立以学生为主的思想，让学生主动地进行探索、猜测、修正等。

建构主义数学学习观概括起来，大致有三点：

（1）将学生看成是主体，教师的主要任务就是创造环境，包括引起必要的概念冲突，提供适当的问题及实例促进学生反思，最终通过其主动的建构建立起新的认知结构。

（2）建构实质上是对什么是数学发现、什么是数学结构以及问题解决中的思维活动所做出的新的思考及分析。

（3）建构就是 "适应"，并非 "匹配"。一把钥匙开一把锁，称 "匹配"；而 "适应" 指一把钥匙能开这把锁，还有无数把钥匙也能开这把锁。美国心理学家奥苏伯尔

（D.P.Ausubel）将学习分为有意义学习和机械学习、接受学习和发现学习。他认为学习是否有意义，在于学习发生的条件。只要学习者表现出一种意义学习的心向，即表现出一种把新学的材料同他已了解的知识建立非任意的、实质性联系的意向，而且学习任务对其具有潜在的意义，那么这种学习就是意义学习。

根据他的观点，学生应该用自己的语言解释新学的东西，以增强记忆。教师应该重视新知识在学生认知结构中的稳定性，并帮助学生将自己的认知结构与数学知识结构联系起来。

四、数学层次序列观

著名教育家加涅认为，数学学习任务可以层层分解为更简单的任务，复杂的数学学习可从被分解出的各项简单任务的学习开始。学习任务从简单到复杂有八个层次，分别是：信号学习（刺激所引起的无意义学习）、刺激—反应学习（刺激引起的有意义学习）、形成链锁（将学会的东西连接成一个序列）、语言联想、辨别学习、概念学习、法则学习及问题求解。每一层的学习还要经历理解、获得、贮存、搜寻并恢复四个序列。根据加捏的观点，教师应设计出由易到难的学习序列和学习任务。例如，教"三角形"这个概念时，若学生已经会说"三角形"了，则重点在以下几点：举大量三角形的例子形成概括；举与三角形有关但本质不同的图形，如菱形、梯形等，增强学生的辨别意识；举不是三角形的图形，如扇形，加深学生对三角形概念的理解。因概念学习有赖于语言线索，故要让学生经常使用学到的概念，并要增加学生的词汇量及句型。

五、数学智力结构观

吉尔福特根据因素分析，提出智力是由三个变量决定的，它们是心理的操作（即记忆、认知、评价、聚合、发散）、学习内容（图形、符号、语义、行为）、学习的成果（单元、种类、关系、系统、转换、隐含）。三个变量各取一项便可构成120种智力状况。例如，处于"记忆""图形""单元"这种智力状况，表明能够记住看到的单个图形并作图。若能同时记住许多图形并作图，则达到"记忆""图形""种类"这一水平了。根据吉尔福特的观点，教师应该根据学生所处的智力水平，诊断影响学生数学学习的因素，并采取相应的措施。

六、数学实验活动观

著名数学家波利亚（Polya）指出，数学具有双重性，既是一门系统的演绎科学，又是一门实验性的归纳科学。欧拉（Euler）说："数学这门学科，需要观察，还需要实验。"拉普拉斯（LapUce）说："甚至在数学里，发现真理的重要工具是归纳和类比。"就连大数学家高斯（Guass）也说："我的许多发现都是靠归纳取得的。"数学家们认为在数学教学中，诸如归纳、猜想、类比等实验性的技术也应该受到重视。关于数学活动观，最有影响的有两个人，一个是苏联数学教育家斯托利亚尔，另一个是荷兰数学教育家弗赖登塔尔。前者认为数学教学应该是数学活动的教学，他指出数学活动包括三个方面：经验材料的数学化、数学材料的逻辑组织化、数学理论的应用。后者也认为数学教学以活动为基础，他提出数学教育的三大原则：数学现实原则、数学化原则、再创造原则。瑞士心理学家皮亚杰认为数学教学不应当教数学结论，而要展开数学活动。

七、数学情感育德观

数学这门学科本身就隐含着许多情感教育因素。阿尔布斯特说："数学能唤醒热情而抑制急躁，净化灵魂而杜绝偏见和错误，数学的真理更益于青年人摒弃恶习。"16世纪曾任伦敦市长兼数学教育家的比林利（Billingsley）说："许多艺术都能净化心灵，但却没有哪一门艺术能比数学更能净化心灵。"20世纪欧洲一些知名的教育家还发现数学有制怒的作用，数学教育能使性格粗暴的人变得温顺起来。苏联的赞可夫说："数学方法一旦触及学生的情绪及意志领域，这种数学方法就能发挥有效作用。"布卢姆（B.S.Bloom）在《教学评价》中指出："认知可以改变情感，情感也能影响认知，学生成绩的差异的1/4可由个人情感特征加以说明。"美国数学教育界始终主张发展诸如兴趣、愿望、态度、鉴赏、价值观、义务感等特征是数学教育最重要的理想之一。

同时，国内外许多著名教育家都认为数学是进行德育的好教材。数学的育德意义分为内在的育德意义和外推的育德意义。内在的德育意义指数学本身表现出的概念的纯粹性、结构的协调性、语义的准确性、分类的完全性、计算的规范性、推理的严谨性、构造的能动性、技巧的灵活性等。这些特征反映在思维风格上，则以辩证、清晰、简约、深刻著称，数学对于完善人的精神及品德的作用显得更加突出。数学外推的育德意义则主要指从教材内容中挖掘的德育内涵。

总而言之，中小学数学教育，特别是义务教育阶段的数学教育，其基本出发点是促进学生全面、持续、和谐地发展。不仅要考虑数学自身的特点，更应遵循学生学习数学的心理规律，强调从学生已有的生活经验出发，让学生亲身经历将实际问题抽象成数学模型并进行解释和应用的过程，进而使学生在获得对数学知识理解的同时，在思维能力、情感态度与价值观等方面得到进一步发展。这就要求我们以现代数学教育观的眼光来审视传统的中小学数学教学，赋予其新的内涵。

第二节　数学教育研究的文化视角

一、数学教育研究的文化视角

由于数学教育研究具有多学科交叉和跨学科的性质，因此从学科关联的角度看，除了从教育学、心理学和教育心理学等学科去审视数学教育之外，还可以从文化视角认识数学教育的问题和本质。文化视角主要包括数学文化的哲学视角、数学文化的科学视角、数学文化的历史视角、数学文化的文化与社会视角。以下从这四个视角具体分析。

第一，数学文化的哲学视角，即从哲学的角度对于数学教育的认识。20 世纪 90 年代以来，相关研究开始有所突破，在国外有英国数学哲学家 P. 欧内斯特的《数学教育哲学》，国内有著名数学哲学家、数学教育家郑毓信教授的《数学教育哲学》，这些都是从哲学的高度透视数学教育本质与规律的开创性著作。

第二，数学文化的科学视角。数学作为一门系统化的、结构严谨的思想、知识、方法体系，本身就是科学知识的典范，相应地，数学精神也就是科学精神和理性精神的典范。数学与其他科学具有一种内在的关联。无论是自然科学还是人文社会科学，都与数学有着深刻而丰富的联系。科学的数学观对于中国的现代化和精神文明建设是尤为重要的。科学观念对于传统文化变革的意义也是深远的。相对看来，科学视角的数学观属于数学观的内部视角。

第三，数学文化的历史视角。著名法国数学家庞加莱说过："如果我们想要预见数学的将来，适当的途径是研究这门科学的历史和现状。"数学的历史性既是数学科学性演变的生动刻画，也是数学文化性和社会性的纵向表现形式。由于受到不同的社会、文化和历史形态的作用和影响，不同时代、不同民族的数学形态和数学观念也呈现不同的发展水平和特征。

第四，数学文化的文化与社会视角。数学除了是一门科学，还是一种文化。郑毓信教授阐述道："由于数学对象并非物质世界中的真实存在，而是人类抽象思维的产物，因此……数学就是一种文化。"除了文化性，数学还具有社会性。例如，数学知识在其建构过程中会不可避免地受到数学共同体和社会性质的影响。文化与社会视角的数学观侧重于从数学作为一种社会文化现象，以及数学与其他人类文化的交互作用中探讨数学的文化本质和社会进化特征。数学观的文化与社会视角是比其科学视角更为广泛的透视数学的视角。

数学观的文化与社会视角还有助于弥补和克服片面的科学主义倾向的数学观的不足和弊端。

二、数学教育文化视角的相关概念

这里侧重对数学教育文化视角的若干重要概念进行初步的分析和考察。

（一）数学文化与后现代文化

后现代思潮是 20 世纪后半叶以来在西方社会中逐渐兴起的一种思想、文化和社会运动。关于"后现代"这一概念，据学者们考证，从语源学看，英国画家查普曼在 1870 年的个人画展中首先提出"后现代"油画的概念。德国的卢纳尔夫曾于 1917 年提出一般的"后现代"的称法。德国作家潘维兹在其《欧洲文化的危机》一书中也使用了"后现代"这一概念。还有著名历史学家汤因比在其《历史研究》这一名著中也有所提及。按照汤因比对西方历史的划分，从 1875 年开始，西方文明开始进入后现代。但上述学者在使用"后现代"一词时的意义均不尽相同。作为一种哲学思潮，后现代的许多思想可以追溯到尼采和海德格尔那里。而后现代作为一股强劲的文化潮流和哲学思想，应该是从 20 世纪 60 年代后期开始的。从哲学层面看，在各种对后现代观念的论述中，具有代表性的是法国哲学家利奥塔尔关于知识的报告。利奥塔尔明确地提出了后现代的基本观念和立场，指出元叙事或具有合法化功能的叙事是现代性的一个主要特征，借助元叙事可以建立起一套自圆其说的被赋予合理性的游戏规则和话语。而后现代文化的一个鲜明特征就是对元叙事的怀疑。随着元叙事走向衰亡，主体和社会领域的非中心化逐步成为后现代的主题。因此，利奥塔尔倡导抛弃绝对标准、普遍范畴和宏阔之论，支持局部类型、容忍差异、历史的和非中心化的后现代科学知识。

法国哲学家福柯从对权力、考古学和知识谱系的研究开始其对西方思想文化传统的深刻反思。尽管福柯并不认可给他的理论见解贴上固定的如后现代的标签（这其实也正是某些后现代思想家的多变和特立独行的特征），但福柯的整体思想无疑是极具后现代气息的。与许多后现代思想家一样，福柯的思想中有很深的尼采主义和海德格尔思想渊源。福柯主张放弃对知识基础和知识体系的追求，强调了非中心化世界的重要性，赞成采用谱系学代替科学。

法国哲学家德里达（Derrida）是解构主义最著名的代表人物。秉承了尼采和海德格尔的反形而上学立场，德里达发起了对追求普遍性、本质性的逻各斯中心主义（在《西方后现代主义哲学思潮研究》一书中，我国学者佟立对于逻各斯中心主义的概括是：逻各斯中心主义是指理性、本质、终极意义、真理、第一因、超能指与所指、超结构等一切思想、语言、经验以及万物之基础的东西）的解构。

通过对数学知识演变历史维度的考察，我们注意到，数学的文化角色转换也经历了一个从现代性到超越现代性或者也可叫作某种后现代的转换。这是由数学发展历史上一系列重要的观念演变构成的。数学的现代性观念形成的一个重要标志是神学与数学的结合。继而又从自然—上帝—数学的"三元复合结构"（三位一体）过渡到数学与其他自然科学的联盟。当数学从独立化逐步迈向数学理论发展的多元性时，数学就开始了对其现代性的超越。这种超越的一个知识标志是19世纪中叶非交换代数和非欧几何的诞生。进而自20世纪以来，数学的发展出现了对其现代性观念的整体性超越。

在数学知识的变革过程中，与后现代科学的某些共同特征（如否定、摧毁、完全解构等）有所不同的是，数学在进行新的理论创造和构建的同时，除了破除某些错误的认识（如不恰当的限制或不适当的随意性）和观念之外，又在一定意义上保持着其对于传统的某种协调性和一致性。超越了单一化的理论指向，数学发展开始沿着多元化的路线蓬勃发展，随着数学统一性的新要求的出现，有可能将这种多元化予以简化，生成相对稳态的数学本体以及螺旋式渐进和循环演化，其复杂的演变过程同时也把数学文化从现代性状态引向了超越现代性的方向。

从数学文化的外围领域看，当大众充分享受着高科技（数学是其中极为重要的理论和技术）支撑的现代物质文化的同时，当下占主导地位的作为精英文化和专业资质文化重要一部分的数学文化却开始越来越远离大众文化。与一般科学一样，数学的理论进展似乎跟数学工作者内部的权力结构紧密相关，尤其是前沿数学中的纯粹数学研究，依然是由极少数精英式专家控制和从事的工作。前沿数学是如此专业化，以至于它远离大众文化，甚至偏离了科学热点。在我们看来，从社会发展的角度看，精英文化与大众文化之间日益严重的分离趋势是危险的。对后现代文化而言，数学文化的这种层次性和分散性特点值得引起数学教育工作者的关注。例如，人类在思维、智能、知识、专业等方面日益明显的高度分化将会对人类未来有怎样深远的影响？某种形式的后现代数学文化如果有可能形成，其利弊将会如何？等等，这些都是需要深入研究的。

（二）数学史与传统文化及数学教育

对数学文化史的深入研究应该成为数学文化研究的一个重点。就数学文化史而言，数学的历史发展过程中蕴含着丰富的数学文化素材。不同民族、不同文化背景下生长着不同类型、不同水平和不同范式的数学文化。数学文化史研究的核心问题之一就是对不同民族数学文化的比较研究。但对数学文化现象的各种阐释有可能导致对真实数学史实的误读问题，这似乎是不可避免的。而且在关于数学文化许多问题的看法上，观念的分歧也将是不可避免的。

对数学文化含义的不同理解，导致了某些认识上的偏差。例如，在某些人看来，数学文化就像茶文化等饮食文化一样。在这种理解中，数学文化就像一簇色彩斑斓的杂色花一样，被看作是数学的花絮和点缀形式。在某些数学史研究中，数学文化被当作是具有神秘色彩、民间色彩或民族色彩的数学历史的片段。这种对于数学文化的理解不仅是片面的，而且是有害的。因为当数学文化的含义仅仅是指那些神秘的、趣味的、有民族风格的、有民间性的甚至有些怪诞的数学知识、技巧和观念时，大众对数学的认识和定位就不可能全面、客观和公正。

整体文化与传统文化不仅以直接的和外在的形式对数学教育产生作用，而且以一种深层的、潜在的形式影响着数学教育，特别是后者的作用更是不能低估。例如，教师的各种观念（包括数学观、数学教育观）和学生的各种观念，都是某种特定社会结构下某种社会价值、文化心理的投射。这些潜在的文化因素或者是我们自觉认识到的，或者是我们不自觉形成的。这些相互作用的、复杂的、综合的因素构成了具有中国特色的数学课堂的背景文化，直接或间接地作用和影响着数学课堂文化的形成、表现形式和一般特征。中国数学教师的数学文化观是以数学文化、传统文化、现代文化和西方文化等为基本成分相互交织、相互作用、相互矛盾所形成的一个综合体。我们主张数学教师着力创造一种结合自身数学素质特点的，高起点的，具有展示数学的科学本质、社会价值、思维特征和独特的美学意蕴的数学课堂文化情境和氛围。也只有如此，才可能把数学文化素质教育落在实处。

鉴于上述种种复杂性，我们有必要进一步反思的是：数学在怎样的意义上可以被称为一种文化？难道必须是全世界几乎所有民族都具有的或共有的文化形式才算是具有国际性和普遍性吗？从文化的某种特定的含义上讲（如民俗性、民间性、民族性、地域性等），在中国和其他那些没有西方数学文化历史背景的国家，好像并不存在某种被认定为具有普遍意义的（即以西方文化传统为基础的）数学文化。而在当代，数学是以国际竞争的需要、全球化的需要和科学发展的必要形式被强化和保持其文化存在性的。然而，传统上的、历史上曾经存在过的，甚至现存的民族数学或民俗数学对一个国家的文明进步和文化发展而言，尤其是对一个国家的当代和未来的数学和科学技术进步而言，是否真的是必不可少和极其重要的呢？无论答案如何，我们都要努力去做的一件事是：抑制其消极影响，弘扬其积极的因素。例如，在中国，珠算和算盘可能是有民族特色的，但在信息数字时代，手工计算和机械式计算却无法成为能够被称为主流数学文化的东西。其实，一个国家或一个民族进步的关键是在于能够适时适量、敞开胸怀地学习并借鉴其他优秀的文化和知识。事实证明，数学文化（无论是由哪个民族独自创造或哪些民族共同创造的）可以成为一种共享的、普遍的世界文化。

（三）数学的文化性与超文化性

我们可以深入思考的是，数学在何种意义上可以称之为文化的问题。作为一种文化进化的产物，数学可以被赋予强烈的历史主义色彩。数学文化的历史观否认数学先天的合理性和神性，否认数学知识和结构预设的完整性和合理性，取消了柏拉图主义的理念世界和康德的先天综合判断，从而消除了关于数学的形而上学观。数学不可能摆脱时间变量（即历史维度）而成为某种永恒的知识形式，但在某些历史时期和特定的形式及结构当中，数学是具有超越性的。数学具有文化性的一个明显的证据是在不同文化环境下产生的形式各异的数学（如经验数学与演绎数学），但数学不同于一般文化的特点正是数学的独特性，表现为不同文化的数学都具有共同的或相近的起源、概念和问题。例如，无论是经验数学还是演绎数学，几何与代数都是共同的研究对象。这不仅说明数学对人类而言具有共同的客观性基础和经验来源，而且证明不同民族文化（至少在科学文化层面）具有共同性（目前数学文化研究的一个误区就是过分强调了差异性而忽视了共同性）。所以数学文化既有文化的一般意义，又有其独特性。

更进一步看，谈到数学文化的普遍性特质，就要考虑是否存在超历史、超文化的数学形态。或许某些数学知识与特定历史时期的某种社会思想、科学形态和观念没有直接的关联。某些文化形式可能与数学密切相关，而另一些则关系不大甚至没有关系。这取决于数学文化的中心内核结构及其与其他文化的层次关系，以及不同文化之间的联结和扩散方式。

从上述复杂多样的情形看，我们认为有必要提出关于数学文化的一个对偶观念：数学的文化性与超文化性，亦即数学的文化相关性与文化不相关性。如果对文化作狭义的理解，那么我们必须承认数学一方面具有文化性，另一方面又具有相对的超文化性（在笔者的数学文化语境中，文化通常是取其广义理解的。但考虑到某些相关研究对"文化"概念的狭义理解，为了取得某种共同的理论平台，我们有时候也需要在特别强调的情况下采用其狭义理解）。

数学的超文化性是有层次的。一方面，如就民族数学或民俗数学而言，无论是数学的知识特点，还是数学进化的机制，都并不存在什么绝对的和不可调和的差异性。例如，尽管研究深度和范式不同，但不同民族和国家在其数学文化发展的早期，几乎都不约而同地要研究"数字"和"图形"这两种基本的数学对象。这种趋同性就是数学的超民族文化性的体现。著名哲学家胡塞尔在《几何学的起源》一文中表达了这样的见解："几何学及其全部的真理，不仅对于所有作为历史事实而存在的人，而且对于所有我们在一般意义上能够想象得到的人，对于所有的时代、所有的民族，都是无条件地普遍有效的。"虽然胡塞尔所表达的见解过于强硬了，其非历史的、具有强烈形而上学色彩的数学观值得商榷，但数学知识能够被不同民族共享，这的确是一个事实。

但另一方面也应该看到，数学的确在许多方面，如数学思维、数学观、数学价值观等，都是与文化紧密相关的。例如，虽然柏拉图主义数学理念只是一个幻象，但为什么它会在那么长的时间内一直占据数学观念的主导地位？这是一个值得深思的问题。这里面就有一个共性与个性、共同性与差异性的关系问题。就整个数学而言，数学与其他文化的密切关联性也并不是在所有情况下都是呈现显性表现形式的。我们有这样一个推断，在某种社会文化情境中被孕育的数学文化，在其被转换成为某种纯粹的数学知识形式时，作为背景的和隐式的文化色彩和特征常常被（有意或无意地）过滤掉了。这里我们要考虑到复杂多变的前现代数学形式，不仅仅是古希腊，还有古罗马、古代埃及、古代中国、古代印度等。这里有一个重要的理论定位问题，就是如何看待数学（文化）的西方中心论。我们初步的看法是，尽管在学校教育中占据统治地位的是西方数学及其教育理论框架和范式，但我们不应过分强调它与其他文化的差异性。如果我们不掌握西方得以强大的各种思想武器用于发展自己，那么我们就会重蹈前人的覆辙，在国际舞台上再次陷入被动挨打的局面。因此，必然的抉择就是列宁所说的吸收世界上一切优秀的文化使之与民族文化相结合，并且由此促进民族文化的发展。

数学"超文化性"概念的提出，是想表明数学所具有的很少受到社会文化变化和发展影响的相对独立的固有知识成分。固然，特定的数学知识或许是某种社会需要的产物，如二次世界大战对情报、密码破译、高速运算的需求催生了计算机的发明等。但是，计算机却远远不是仅仅为战争服务的。数学与其社会文化具有多样复杂的互动关系。数学的发展动力可能是多种社会、文化因素交织而成的结果，可以称之为数学发展的外部动力。但数学理论一旦产生，就具有了生命力，有了自己的发展轨迹。在某一特定的时期，数学对外部世界可能是不敏感的。例如，一个明显的事实是，数学不像意识形态那样在社会变革中具有较为强烈的律动性。因此，数学作为一门学科，有其相对独立的客观性、学科传统、知识范式和演化路线，而离开数学的科学性去奢谈数学的文化性（狭义的，即驱除了科学性的文化）是行不通的。但从另一个角度讲，从事数学研究的人（数学家和数学工作者）却无时无刻不受他所生活的时代的社会观念、哲学思想、信念、价值观的影响。特别是受到社会政治结构（制度、意识形态）、世界观、哲学观、价值信仰、经济结构、技术形式、生活方式、利益选择、创新导向、数学共同体、研究经费、科研计划的支配和作用。这些又都必然对数学家的研究方式、研究兴趣、课题选择产生影响。相对来看，数学的知识实体较为稳定，而主体则相对活跃。数学共同体是数学工作者较为直接的组织。数学共同体是联结个体数学家和社会的一个渠道。

从外部看，前面"超文化性"概念的提出就是对数学"普遍性"概念的肯定。数学的超文化性意味着数学并不是由种族决定或文化决定的。在这种普遍性的观念之下，在不同的民族数学范式之间并不存在库恩所称的不可通约性。因此，"民族数学"等概念的提出，就不能作为消解数学普遍性的恰当理由。从数学内部看，多样性（无论是理论、观点与方法）已经是一个事实，并不存在绝对的、唯一的先天的数学世界。

通过对数学双重性（文化性与超文化性或文化相关性与文化不相关性）的认识，可以看出，我们需要慎重看待民族数学在数学教育文化研究中的作用，避免认识上的偏颇和误差。

（四）警惕某些危险的研究倾向

应该看到，在国内外，关于数学文化观念各种见解的分歧是很明显的。或许我们可以把这一现象理解为数学文化研究的多元化趋势。这也同时显示出我们的某些数学文化研究确实还处于一种混乱和无序的状态。对数学文化精神不恰当的认识、定位、偏见和极端理解，将会对数学教育造成有害的影响。

国际上，在包括后现代主义在内的更为广泛的世界范围的社会文化思潮中，数学等科学的研究被裹挟在殖民主义、后殖民主义、西方中心主义、民族科学、女性主义等社会文本和语境当中。有些科学被冠以"女性友好的科学"的标签，而有些数学则被当作是所谓欧洲中心主义或男性主义的产物。例如，在女性主义者看来，西方哲学传统和逻辑表达的是男性权威和权力的声音，其特征是单一化的和压抑其他不同声音的。

又如，在被标榜为后现代数学的某些国际数学教育研究中，就有把诸如性别、种族当作数学教育的决定性因素加以夸大和予以强化的倾向。

我们认为，把数学知识的学习与诸如性别差异、种族特征、民族性等建立联系的研究趋势本身，是一种更为广泛的数学教育的社会、文化、历史研究视角，这是值得肯定的一个研究方向。然而，上述研究的误区在于其文化、种族、性别和本能等决定论的思想和立场。按照上述认识，学习者的数学学习只能顺应性别性、种族性而无法超越之。比如，按照上述认识，女性的数学学习只能局限在其本能和本性之内。而某个人的数学认知也只能受制于其民族思维的特征。这些看法都是既不符合事实，也不符合数学教育目的的。他们没有看到人的学习过程和认识过程是一个不断超越的过程，人不仅能够超越自身的性别局限性，而且可以超越其民族思维的局限性。况且，即使是同性别、同民族之间也存在着很大的差异性，并不具有某些后现代研究所假设的内部普遍性和一致性。如果我们相信上述立场，那么数学教育就只有放弃自己的教育目标，在性别、种族、文化等固有特征面前缴械投降了。上述偏颇认识对我们的启发是：我们在进行数学教育研究时要特别注意方法论的抉择。我们觉得社会、文化等因素与数学教育的关系定位很重要。我们倡导社会、文化的相关性，但反对社会、文化、种族、性别决定论。

特别值得注意的是，在中国这样的发展中国家，向西方学习和借鉴一切有利于生产力发展和社会进步的有益的文明成果仍将是一个长期的抉择。因此，在科学教育和数学教育领域，我们就要对上述类似的文化研究倾向保持警惕。我们要防止某种集自卑与自傲于一体的极端民族主义心理，避免使其变成阻碍接受西方科学与数学的借口。像数学这样的学科，即使我们承认了其多元性（无论是在西方数学与非西方数学之间，还是在西方数学内部），对于其性质、特点和特色，终究需要有一个价值判断，需要给出一个优劣比较。我们认为，有些研究对不同民族数学之间差异性的过度强调，有时候是混淆了数学的本质差异与形式差异，混淆了数学的差异性和层次性。有些被认为是数学的本质差异只不过是形式差异，而某些被夸大的所谓差异性，其表现形式本质上可能只不过是数学的多样性和层次性而已。

第三节 数学教育的文化研究

数学文化用辩证综合的视角审视数学世界及其现象，并试图给出自己独特的回答。数学文化研究的兴起可以看作是数学哲学研究范式转换的一个必然产物。在国内，数学文化的研究已经有十多年的历史了，进入 21 世纪以来，数学文化的相关研究取得了不少研究成果，特别是数学文化观念和内容在数学课程中的体现和渗透方面所取得的进展是有目共睹的。但相对看来，数学文化在理论研究方面却没有多少突破性的进展。

为了深化数学文化的研究，探讨如何进一步开展数学教育的文化研究，就有必要拓展对其相关领域的研究，并逐步解决与之相关的理论难点。这也是数学文化作为一门新兴学科逐步走向成熟的标志之一。

数学文化研究打开了透视数学和数学教育更为广阔的视角。数学与数学教育观、大众文化、民族与传统文化、数学的社会与历史研究、科学文化与人文文化，这些都是数学文化研究的重要相关领域，也是深入开展数学教育文化研究的突破口，下面从这几个相关研究领域探寻数学文化新的理论生长点。

一、数学观与数学文化观及数学教育观

数学观是人们对于数学本质、规律和活动的各种认识的总和。在历史上，不同的数学观曾扮演过自己独特的角色，其中最著名并长期占据统治地位的是柏拉图主义的数学观。虽然当代数学思想的发展已经从整体上破除了关于数学对象存在于永恒理念世界的实在论观点，但柏拉图主义、形而上学的观念对数学发展的历史价值是无论如何都不能被磨灭的。比如，在数学的历史上，正是由于摆脱了经验的标准，数学才获得了超越感性的自由。尤其是在方法论层面，某种形式的柏拉图主义观点所具有的价值不仅不能被否认，而且还有待于进一步挖掘。而相对于爱丁堡学派科学知识社会学偏颇的认识立场而言，某种修正了的或弱化了的柏拉图主义实在论数学观念可能会具有更高的理论适应力。与数学观相比，数学文化观无疑是从一种更为广泛和宽阔的理论视角去看待有关数学的各种问题。具体来看，尽管也会采纳数学的内部视角，但数学文化更多的是一种文化层面的外部视角的透视和分析。比如，数学观可以不考虑数学与其他人类文化创造的关系，而只把数学的本质、知识特征和发展的规律等作为关心的对象，但数学文化却要考虑数学在人类整体文化中的地位和作用问题。就两者的关系而言，数学文化对各种不同的数学观持一种辩证综合的立场而不是仅取其一。

总体看来，在各种数学观念中，当代数学文化的观念无疑是倾向于（社会）建构主义的、进化论的、辩证发展的数学观，而拒斥柏拉图主义、绝对主义、先验论、形而上学的数学观。但这并不意味着数学文化在所有问题上都采取非此即彼的二元论立场。

数学文化的研究由于超越了对于数学本质的传统理解，而使之具有了与数学教育研究更为紧密的关系。在数学文化观念下所孕育的数学教育观念必将是超越传统西方数学理性模式的。这种模式的核心就是自柏拉图以来所形成的西方理性主义精神。这种精神追求知识的逻辑性，讲求知识发生过程的严密性，重视推理的明晰性和结构的公理化。因此可以断言，西方数学与西方文化是交互的，西方文化的逻辑理性由于数学的相同品质而被强化了。而这些作为西方文化现代性的基本特征在其发展的历史逻辑进程中走到了绝境。

数学文化观念下的数学价值和功能的基本定位是反对关于数学的任何片面的、固定的和狭义的理解。因此，在数学教育领域，诸如单纯的智力体操说或思维体操说、功利主义、工具主义、科学主义和实用主义的观念，都是无法被接受的。

二、数学文化与大众文化

尽管数学与人类文化的广泛联系是一个不争的事实，但在不同的历史时期，数学间或会给人以置身于人类文化之外的印象。在当代，许多自然科学的新突破和新进展，如克隆、大爆炸、基因图谱与基因工程、超导、纳米等，能够较快地被普通公民所接受并迅速成为大众文化的一部分（尽管可能是通俗化了的），然而，数学的情况却要糟糕得多。随着数学的专业化程度日益提高，数学的最新成果难以为社会公众所理解，甚至通俗的解释都是十分困难的。诺贝尔奖是人们所共知的，但数学界的大奖——菲尔兹奖却鲜有数学工作者之外的人知晓。例如，庞加莱猜想被解决虽然是近期数学界的一个大事件，但公众很少有人知道，更不要说清楚庞加莱猜想的大致内容和拓扑学的概念了。难怪美国著名数学家哈尔莫斯曾感叹，即使是十分出色的数学家的工作也没有获得大众的关注。可见数学受大众冷落是一个较为普遍的现象。

在现代社会，由于数学的高度专业化发展，数学作为工具、语言和技术广泛地渗透在现代科学、工程的各个领域，而数学文化更多地是以一种渗透的、隐性的、潜在的形式通过与其他科学文化、技术文化的交互作用被大众所享有。现代数学与社会公众的距离越来越远。数学知识，尤其是当代核心数学知识，由于其高度的专业化和艰涩程度，仅仅掌握在少数数学精英手中，所以当代数学文化很难作为一种大众文化而被公众共享，这是一个令人担忧的现象。更令人忧虑的是，如果超出数学的科学范畴对数学进行文化诠释和解说，会不会由于过分的通俗化和简单化而违背了数学有些艰深的甚至有些晦涩的真义，抑或由于过度的专业化和过于细碎而阻碍数学文化的传播。

三、数学文化研究与数学社会研究

随着数学文化研究的深化，数学社会研究必将成为一个热点。数学的社会化和包括自然科学、社会科学以及几乎所有人类文化领域在内的人类思想文化的数学化构成了知识经济社会的基本特征。作为 21 世纪的一种基本社会现象，这种数学化的趋势使得数学被赋予了更为广泛的文化意义。人类文化正在这种数学化的意义上逐步走向统一。而数学社会化的程度正是数学推动社会进步的重要指标。各门科学的数学化正是数学科学与技术推动社会进步的基本表现形式。数学化将成为社会进步的一个重要指标。这也再次印证了马克思的名言："一门科学只有当它达到了能够成功地运用数学时，才算真正发展了。"概括地看，数学社会学的研究将从理论与实践两个方面回答数学及其技术发展与人类思想文化变革和社会文明进程之间的若干问题，为中国的现代化和社会可持续发展提供思路与对策，并对数学素质教育的深层次理论问题做出回应。

数学文化研究与数学社会研究的区别何在呢？在我们看来，数学教育中的文化研究与数学教育的社会学研究的侧重点是不同的。就内在性和外在性的关系看，文化是一门学科固有的、传统的、独特的、内部的本质，而社会性则更关注外部世界与学科的联系和作用，关注于人与人、人与团体之间的相互关系。

从数学的社会文化性看，社会文化对数学的发展有一定的作用。因为数学共同体的成员都是社会的一分子，都要把它所处时代的各种观念、价值判断带到数学研究中去。这些都是毋庸置疑的。我们也必须承认，数学的知识中含有社会文化等因素或成分。这是因为除了自然现象之外，社会现象中也有数学的规律、结构和关系。我们可以把这种可被数学化描述的社会现象称为社会文化的客观性。但社会文化等外部因素究竟在多大程度上能够对数学的知识内核产生影响？或者说，用数学的语言说，社会文化作为数学的知识、理论体系的一个变量，是主变量还是协变量？其中的关系十分复杂，还有待于进一步探明。我们认为，应该把数学的社会研究看作是数学文化研究的一个极为重要的组成部分，而不是把它们看作两个相对独立的跨学科研究领域。或者，为了突出数学文化中的社会研究特点，我们也可以称之为数学的社会文化研究。可以期待的是，数学社会学将成为科学社会学研究的一个重要组成部分。

四、数学文化与民族文化及传统文化的关系

在历史上，不同民族都有不同程度的数学成就，并有自己独有的（尽管有些是有共性的）数学文化。这样，数学文化的历史研究、数学文化史的比较研究就成为数学文化更深入的研究领域，包括对各民族历史上各种数学文本的解读、对数学在特定的历史条件下的社会结构的认识等。

如前所述，如何看待西方数学与其他民族数学的关系，是这一关系中的一个焦点问题。客观地讲，在科学层面上，应该是不存在不同文化的数学这样一个概念的。在数学的内部，即其科学的意义上，并不存在那种在不同文化、不同民族之间的明显差异性。但在更广泛的外部视角下，数学却也有一个社会—文化—心理背景的问题。

一般看来，在各种文化样式中，有些是浅表的，而有些则深入骨髓，几乎可以称之为文化遗传基因。所以，从数学文化与民族文化的关系看，我们的担心是，即使是那些数学掌握得很好的学生或学者，也只是停留在较高的数学能力层面而并没有达到素质的水平。换句话说，数学的思想观念并没有成为深层文化心理中的积淀物，没有成为流淌在民族文化血液中的东西（当然也更不像有些学者臆想的拥有了所谓的中国古代数学文化心理）。

五、数学文化的历史研究

数学文化研究与数学的历史研究有着密不可分的关系。正如法国著名哲学家德里达指

出的那样："把科学当作文化传统和形式来考察就是考察它的完整的历史性……所有文化的当下，因而也包括所有科学的当下，在其总体性中都蕴含着过去的总体性。"

必须指出的是，数学文化的历史研究是不同于传统的数学史研究的。两者的主要区别在于前者更多的是外部视角而后者基本上是内部视角。传统的数学史研究关切数学的知识演化历史，而数学文化的历史研究则不仅要关心数学自身思想、知识、方法的历史演变（即内史），还要把视角切换到数学与社会、文化、经济、政治等的历史性互动关系上（外史），特别是要把重点放在数学的历史传统和其现代表达的关系上，放在与数学教育相关的不同社会、历史、文化的数学传统及其现代意义上，放在不同数学文化范式之间的比较研究上及对当代数学发展的启示上。简而言之，数学文化的历史研究不应该成为一种孤立的、与现实几乎毫无关系的考古、考证、史料和文献研究，而应发挥其对继承与发展、传统与创新的史鉴作用。

随着数学文化研究的深入和数学课程发展的需要，对数学文化史的研究应逐步加强。包括数学文化的角色转换、对数学史研究的定位、数学文化的历史对数学教育的价值、数学的历史传统与其现代表达的关系、数学文化的历史与数学教育的关系、不同数学文化范式之间的比较研究、对当代数学发展的启示等。

六、数学文化与数学文明

有鉴于上述认识，在数学文化概念之中或之外，是否还有一个数学文明的概念？这一问题一直困惑着我们。这里把它提出来，希望得到数学教育界同仁的关注和评论。笔者认为，这一划分关系到数学知识的进化机制和数学课程研究中如何选择数学历史材料的问题。因为对一门科学的发展来说，由于文化概念强调了一种固有的存在性和存在状态，而不同文化表现形式之间并不具有明显的优劣性和可比较性，所以单一的文化概念或许会遮蔽我们的认识视线。相对而言，文化概念是中性的，有时候是不涉及价值判断的，而文明的概念则有进步性、发展性等倾向性价值表征。这是我们提出数学文明这一概念的一个初衷。如果我们确认有一个数学文明的概念，那么数学文明与数学文化又是怎样的关系呢？显然，数学文明的概念要比数学文化概念的外延小一些，并且可以架起连接数学科学和数学文化之间的桥梁。这一认识有助于回答前面提到的如何看待不同的民族数学、民俗数学在数学中的定位等问题。

数学文明概念的提出可以起到深化数学文化研究的作用。虽然数学是一种文化，但却不是一般的文化，它还是一门科学，这一点是万万不能忘记的。科学自有其客观的一面，对一般文化来说适合的东西未必就一定适合数学，所以我们也不必纠缠于某种多元性之中。数学作为一种科学世界语的价值不正体现了人类共同的理想和精神追求吗？所以，现代数学文化处于人类文化发展的较高阶段。作为科学文化的一个典范，数学文化以其特有的、广泛认同和共享的数学共同体观念、方法、命题、论证构成了一种多样统一的世界文化范式。

七、数学文化是科学（技术）文化与人文文化的综合

从学术研究的角度看，人文科学与自然科学两大阵营对峙的一个典型表现形式就是数学与人类文化的分离，而这在很大程度上又是一种错觉和误解。造成这种误解和错觉的部分原因应归咎于不当的数学观，其中最典型的就是柏拉图主义的数学理念论。因为按照柏拉图主义的数学观，数学知识并非由人创造出来的，而是原本就存在于"理念世界"的。这样一来，数学就不可能是一种文化，而是游离于文化之外的。数学游离于人类普遍文化之外的误解随着数学日益强烈的专业化和封闭性而被强化，后来逐步凝结为唯理论的、形而上学的、先验论的、具有浓郁神学色彩的数学观。然而，现代数学的发展一再表明数学并不是早就存在的绝对真理王国，而是人类对于客观事物量性规律性及各种模式的一种认识，以及建立在这种认识之上的知识建构和各种文化创造。

随着数学新的理论的建构，数学的虚拟化、理想化、模型化构造方法的不断拓展，数学的适用范围和应用领域开始越来越广阔。除了自然界为数学家提供了无数诱发数学思想与灵感的各种模型以外，人类社会的各种复杂现象也逐步成为数学理论的指涉对象。数学的量化和模式特征作为对世间万物及万物之间数量与结构关系的一种抽象概括，已经成为自然科学、工程技术和人文、社会科学和人类文化的共同财富，并越来越体现出其融自然、人、社会于一体的知识观念。由于数学理论能够为不同的自然与社会现象提供模式，在定性研究中迥然不同的现象可以采用相似或相同的数学模型加以描绘和解释。数学理论的广泛应用价值、多样性理论建构和日益丰富的解释学意义为重构人类知识，使人类整个思想体系在更高层次上获得整合和统一有重要的启迪。因此，在数学与数学教育发展新的历史条件下，我们需要对科学精神、技术精神和人文精神在现代社会形态下各自的本质和相互关联予以新的阐释。我们需要构建具有时代精神的新的科学观、人文观和世界观。

需要指出的是，数学的科学价值有必要进一步予以揭示。我们对数学的科学性的认识不是多了，而是还很不够。尤其是对于数学新的认识论和知识论的意义，还有待于挖掘。数学作为科学技术的一个重要门类和典范，在现代和未来的发展中会呈现出许多新的特点。这些新的特点各自体现在数学的科学性（与技术性）、社会性、历史传统等方面，因此深刻地揭示现代数学的科学本质，对于充分地发挥数学对推动社会生产力发展和社会主义精神文明，使数学更好地为人类物质文明和精神文明建设服务都有重要的作用。从广泛的意义上讲，这一领域的研究将有助于科学主义与人文主义的融合和统一，从而对人类文化的整体性发展，对数学（素质）教育的作用，对数学教育的改革与人的全面发展都有重要意义。

数学文化的观念坚持数学在人类文化中的基础地位和重要性，主张保持人类整体文化与数学文化的有机联系，要求对数学在人类文化中的价值有一个客观真实的定位和判断。

八、数学文化与数学教育

第一，数学文化观念有利于教师和学生树立视野更为广阔的数学观、科学观和世界观。数学文化用广泛联系的、学科交叉的、相互联系的观点把关于数学的认识深入到学生的整体世界观念之中，将对数学教育本质规律的认识带来深刻的转变。

第二，适宜的数学文化观念有助于数学课程的恰当定位。由于数学文化比数学的视角更为宽阔，因此采用数学文化的视角可以更清楚地看到数学的价值及其在整个学校课程中的定位。在数学文化的观念之下，那种把数学知识与数学创造的（历史、社会、人物）情境相分离的传统课程观将会被摒弃。数学文化把知识的相关的真实情境连同知识的抽象形式一起呈现，增强了数学知识的情境感和历史感，数学知识将是鲜活而有生命力的，而不是一副冰冷的骨架。

第三，数学文化的观念有助于加深对数学教学活动本质的认识。在数学文化观念下，数学教学将不仅仅把数学当作是孤立的、个别的、纯知识形式的，而是将数学融入整个文化素质结构当中。数学文化在教育本质上体现了一种素质教育。数学的文化建构观凸显了数学的认识论特征，强化了数学认识活动的交互性。数学文化的观念与建构主义有相当一致的看法。在数学文化的视角之下，机械、教条、形式主义的数学教学方式将不再有市场。

第四，数学文化观念之下的学习方式将会更加接近数学知识的生成过程，更接近于学生真实的认识与思维活动。数学文化的观念能够增加学生交流、合作的意识。数学文化的观念反对把数学完全当作客观知识和客观真理的先验立场，而是把数学看作是在主观知识与客观知识交互作用下产生的。因此，个体化与社会化相互作用的知识建构形式就获得了其应有的教学地位。

第五，数学文化的观点还有利于促进教学的文理交融，克服人文文化与科学文化的对立。

我们可以期待的是，在数学文化的旗帜之下，人文文化与科学文化这两种文化之间的对峙有望得到一定程度的遏制，数学文化教育能够成为现实的数学教育行为。借助数学在两种文化之间的纽带和桥梁作用，学生的知识结构将不再是分裂、片面和残缺的，而是相互交织、有机联系的。我们同样期望，随着数学文化观念在数学课程中的广泛传播，未来的人才培养模式不再是偏科的，而是通才的，不再是片面科学主义的，而是科学与人文相互融合的。

第四节　数学文化观照之数学素质教育

一、数学文化观念下数学素质的含义

自从素质教育成为教育界的共识，素质教育的思想已深入人心。从研究现状看，作为教育思想，素质教育的各种研究已是硕果累累，然而各门学科的素质教育研究却显得比较薄弱，已有的一些研究成果也存在就事论事、缺乏理论高度等不足。我们认为，只有深入到一门学科的文化层面，而不仅仅局限于学科的知识层面，才能获得对学科素质及其培养的新认识。就数学来说，从其作为一种科学的数学，到作为一种哲学的数学，再到作为一种文化的数学，随着我们对数学特点、价值、作用、意义理解的逐步广泛和深入，数学文化的观念为我们探讨数学素质教育问题提供了一个不可多得的视角，从数学文化研究的角度出发，我们可以对数学素质这一概念有确切理解。在此基础上，寻求实施数学素质教育的突破口，在数学文化的观念中蕴含着十分丰富的教育学意义。这首先表现在数学自身的文化传统上，因为数学文化作为一种科学思想的长期积累，有其独特的科学组织和传统，包括数学知识的创造纪录、流传交流和传播方式等，其文化传承就是广义的数学教育活动。其次，从数学文化发展的历史层面看，不同民族、不同地域都曾在不同时期各自生长着民族数学的萌芽，有的还有相当精深的发展，这种固有的与民族文化共兴衰的数学传统深刻地折射出不同民族的精神追求、自然观念和思维旨趣。虽然从文化的功能性考量，以古希腊数学为基底的西方数学领导着现代数学的潮流，但数学教育作为一个国家文化教育事业的一部分，是不可能脱离其民族性的。如果忽略文化差异和文化冲突，仅仅从科学的数学的意义上去理解数学教育过程，对于数学素质教育这样与文化密切相关的深层次教育问题，我们就不可能获得令人满意的解答。我们在借鉴西方数学教育理论和经验时也不可忘记这一点。素质是一个与文化有密切关系的概念，按照教育学理论对素质概念的理解，所强调的是人在先天素质即遗传素质的基础上，通过教育和社会实践活动发展而获得的人的主体性品质，是人的智慧、道德、审美的系统整合。可见，素质概念的实质在于各种品质的综合。所谓教育就是你把在学校里所学的东西全都忘记后还剩下的东西（米山国藏）。就数学而言，某个人可能已记不起学过的某条几何定理，但几何学的严谨性、逻辑性和独特的美，却给他留下终生难忘的印象。这应该就是一种素质。从精神科学的角度看，素质在达到人性的教育这一理想中是一个主导概念，包括教化、共通感、判断力、趣味等。在人文主义者那里，素质的本质是超越技艺技能层面的，是人的一种资质和禀赋。从社会学角度看，素质可以理解为个体面对社会变化和发展所具备的心理准备状态，为了迎接挑战，素质就是竞争力、适应力和创造力。从马克思主义的观点出发，素质的本质含义是人的全面发展。这也是对素质概念最有哲学概括力的理解。

从以上几个角度，结合数学文化的特点，作为文化科学素质的重要组成部分，我们认为数学素质乃是个体具有的数学文化各个层次的整体素养，包括数学的观念、知识、技能、能力、思维、方法、眼光、态度、精神、价值取向、认知领域与非认知领域、应用等多方面的数学品质。

（一）数学的思想观念系统

数学的思想观念系统主要包括：要有独立思考、勇于质疑、敢于创新的品质，要形成数学化的思想观念，会用数学的立场、观点、方法去看待问题、分析问题、解决问题，树立理性主义的世界观、认识论和方法论，自觉抵制各种伪科学、反科学和封建迷信思想的侵蚀，对数学要有客观的、实事求是的、科学的态度和看法。例如，不仅要认识到数学的重要性和作用，还要意识到数学在现时代的局限性和不足，要注重数学方法与其他科学方法的协调和互补，避免由于不恰当的数学训练所导致的思维偏颇及对数学的盲目崇拜，对数学的真、善、美观念及其价值有客观、正确、良好的感悟、判断和评价。

（二）数学的知识系统

在现代教育日益强调能力、素质的时候，有一种认识上的偏颇，好像知识不再重要了。从数学素质的构成看，知识是最基本的成分，知识与能力、知识与素质不是对立的，而是相辅相成的。对数学知识而言，至关重要的是，知识在被学习者纳入自身认知结构时，是以怎样的方式构成的。不同的知识构成方式决定着知识在认知结构中的功能和作用，优化的知识结构具有良好的素质载体功能和大容量的知识功能单位，只有优化和活化的知识才能发挥作用。为此，不仅要阐述知识本身是怎样的，还要阐明知识何以如此；不仅要揭示知识的最终结果，还要展示知识的发生过程，使知识以一种动态的、相互联系的、发展的、辩证的、整体的关系被组合在一起，而知识的上述特征应该成为其构成数学素质要素的基本前提。

（三）数学的能力系统

数学能力的发展过程是一个包含认知与情感因素在内的，变得相互关联和在更高级水平上组织的复杂的心理运演过程，其中多种思维形式从不同的侧面反映了数学能力的本质，数学能力具有十分丰富的内容。数学创造力作为数学能力的有机组成部分，在数学能力结构中占据着核心地位，这种核心地位同时决定了数学创造力及其培养在数学素质教育中的重要意义。数学创造力不应被单纯地理解为作为科学的数学的创新与发现，而应将其扩展到数学教育的过程与范围内。在数学教育过程中，个体的数学认知活动都是人类数学文化进程的一种再现，其中独特的心理基质构成了真正创造力的起点。特别重要的是，在数学教育中，创造力的一个突出特征是再创造。对每一个个体而言，再创造的教育意义是无可比拟的。

（四）数学的心理系统的非认知非智力因素

数学创造与学习活动作为一种智力探索活动，需要有良好的心理素质，如对数学的热爱、赞美、鉴赏、高度的精神集中和长时间的精力投入，克服一切困难、坚韧不拔、勇往直前的意志和勇气，不服输的顽强拼搏精神，诚实求真，不弄虚作假的良好作风，相互竞争又相互合作的科学风尚。

二、数学文化素质教育的构想

把数学文化的思想精髓和基本观念内化为个体的主体性心理特征，这样一个过程就是数学素质教育的过程，从数学文化与数学素质的观念出发，纵观中国数学教育的历史和现状，有许多值得反思之处。

从整个社会文化的大背景看，尚未具备令人满意的有利于包括数学在内的科学发展的良好的社会文化氛围，在整个民族的思想根基和思维基质中，科学主义和理性主义胚芽还没有完全扎根。近年来我们与各种邪教组织和伪科学的斗争的艰巨性提醒我们，科学思想、科学精神、科学观念、科学态度和科学方法尚未完全植根于民族文化的灵魂之中，广大民众的科学意识、科学精神、科学知识有待于进一步提高。虽然从社会发展的趋势看，一种有利于科学技术进步的价值导向已初露端倪，但其中也潜藏着某些令人担忧的因素。

综观中国近代史，在无数志士仁人的强国梦中，始终有一个无法避免的认识误区，即把西方的强盛简单地归结为物质力量的强大，而没有触及西方文化的科学内核。更有许多学术巨匠沉醉于传统文化的幻影中，失去了对西方文化的科学估计和正确判断，具体到像数学这样的科学，其理解也仅仅停留在技艺、数术这样的表层，而没有达到哲学和文化的深度。事实上，数学向我们展示的不仅是一门知识体系、一种科学语言、一种技术工具，而且还是一种思想方法、一种理性化的思维范式和认识模式、一种具有新的美学维度的精神空间、一种充满人类创造力和想象力的文化境界和一幅饱含人类理想和夙愿的世界图式，为了实现现代化，中国的教育无论从思想观念上，还是从内容体系上，都需要建立一个新的社会文化坐标，整个社会的价值观念和价值取向需要转轨，形成崇尚科学、热爱科学的良好社会文化风尚。

在学校教育中，受社会整体价值观的强烈支配，单纯的功利性价值取向表现得十分明显，为应付各种考试，为获取好成绩成为数学教学与学习的几乎唯一的动力和目标。数学素质被曲解为数学应试能力，数学素质教育成为没有内涵的空话。要想使数学素质教育落到实处，必须从教育观念、教育理念、教育思想、教育内容、教育方法等各方面进行长期不懈的改革。

（一）数学教育理念

应当逐步确立数学文化教育在数学教育中的主导地位，把提高全民的科学文化素质作为数学教育责无旁贷的任务。从 21 世纪对人的数学素质的要求出发，把数学教育的长远目标同社会发展对人才的需求联系起来，现代化建设所需的数学人才必须具备现代化的数学素质。所以，仅仅把数学看成是训练思维的智力活动是不够的，仅仅把数学当作是可应用的知识也是不够的，仅仅把数学当成是达到某种特殊目的的敲门砖更是不行的。应突破传统的数学教育是自然科学教育一部分的框架，改变把数学仅仅看成是其他科学的工具的传统角色定位，赋予其更为宽泛的意义。在数学教育过程中，我们要特别注重挖掘数学的科学教育素材，体现数学的科学教育价值；发挥数学教育的科学教育功能，塑造和培养有科学思想、科学观念、科学精神、科学态度、科学思维的现代化建设人才；要敢于用数学等科学武器同各种伪科学、反科学做斗争；要改变数学只是一堆冰冷的公式和符号的堆砌和组合的偏见，充分展示数学的自然真理性、社会真理性和人性特征，表明数学作为人类文化创造的本质；要突破数学的外在形式，深入其思想精神的内核之中；在培养学生的数学观念时，应倡导数学是人类文化的共同财富的世界文化意识，减少文化冲突和碰撞，促进文化融合与交流，用数学等科学文化变革传统文化，促进知识素质的现代化，迎接信息社会全球经济一体化的挑战。

（二）数学课程改革

在浩瀚的数学文化素材中，哪些是现代人所必须掌握的，这就需要发挥数学课程建设强烈的选择功能，这也是数学课程反馈数学文化时应把握的一个尺度。邓小平提出的"三个面向"可以作为按照数学文化的要求构建 21 世纪数学课程的指导性纲领。举例来说，现代数学已经或正在展现出许多新的科学特征和文化特性，迫使我们不断地更新数学教育观念，诸如数学真理观念从绝对主义向拟经验主义和建构主义的变迁；计算机时代数学强烈的实验性质；离散数学日益增长的重要性。这些新的变化要逐步在课程中体现出来，要改变传统的课程设置模式，改变传统课程中单纯地以知识单元构筑框架的从定义、公理到公式、定理的编纂体例，大力开展与计算机技术及应用相关的数学课程建设。数学课程应充分体现数学思想的发生过程、数学与现代社会的密切关系、培养创造力与素质教育的目标，要发挥数学课程改革在整个数学教育改革中的导向作用。数学课程改革的一个基本立足点就是要处理好作为科学的数学、作为文化的数学与作为教育的数学的关系，使这三者能以一种恰当的比例被整合到课程设计当中，逐步实现科学、文化、教育三位一体的课程设置目标。同时，要切实提高教师的数学文化素质，奠定实施数学素质教育的师资基础。

（三）教学方法和策略

由于数学课程丰富的文化内涵，教学方法改革充满机遇与挑战。

首先，应从革除传统教学的弊端入手。传统教学的弊端，如为使学生掌握所学内容不惜采用大量机械的强化的练习，教学与学习效率太低；相对来说，重知识的系统传授而轻获得知识的方法，重逻辑推理而轻非逻辑推理，重收敛思维而轻发散思维，重再现想象而轻创造性想象；等等。要变传统的把数学知识当作金科玉律进行教条主义的灌输为充满数学生命活力的思想创造与探索，要变被动机械的接受学习为主动建构的理解学习，要实现从静态的以课本、黑板、粉笔为主的传统教学模式向动态的以多媒体教学为中心的现代教学模式的转变，变传统的以知识的系统传授为主线的缺乏创造力的教学为充满人性化的以培养创新精神为主导的教学。

其次，加强以数学美育为主的非智力品质的熏陶，从而激发学生的学习兴趣，调动学生学习的积极性，唤起学生的内在学习动机，营造自由、轻松、活跃、充满活力和没有压力的数学课堂氛围。

再次，从数学文化曲折的发展路径去洞察数学学习的本质。我们注意到个体数学认识过程与数学文化发展具有一定意义上的相似性，因此可以从数学文化曲折的发展历程去洞察数学学习的本质。为此，要重视学生数学文化经验的积累和总结，包括数学的观察、实验、发现、意识，无论是成功还是失败，都是有价值的；要重视数学史典籍和数学家传记的德育功能和教化作用。

数学素质作为现代社会人的一种必备素质，是人的完整素质结构的有机组成部分。数学素质教育是培养和促进人的数学文化素质的基本手段。为了切实实现素质教育的目标，还需要在理论和实践两个方面做大量的工作，在实施数学素质教育的过程中，必须考虑到诸如应试教育的现实性、数学不同侧面的特点、对数学应用的多层次需求、数学素质教育目标的层次性、社会对数学需求的多样化等因素。

第四章　高职数学课程的文化点

目前，数学教育重知识轻文化的倾向十分明显。基础数学教育在一定程度上成了解题教育，会做题、能考试的就是好学生。高等数学教育以讲授数学知识及其应用为主，对于数学在思想、精神及人文方面的一些内容很少涉及。大多数学生对数学的思想、精神了解得很肤浅，对数学的宏观认识和总体把握较差。正如半个多世纪以前，著名数学家柯朗在名著《数学是什么》的序言中写道："今天，数学教育的传统地位陷入严重的危机。数学教学有时竟变成一种空洞的解题训练。"

目前，高校普遍开设了高等数学课程。这对提高学生的数学水平起到了积极的作用。但它一方面试图介绍大量基础的高等数学知识，一方面又受课时较少的限制，常常采取重结论不重证明、重计算不重推理、重知识不重思想的讲授方法。学生为了应付考试，也常以"类型题"的方式去学习、复习，在数学素质的提高上收效甚微。

顾沛说："一个人的学历教育中，一般要学13年的数学课程，只有语文课能与之相比。但许多人并未因为学时长就掌握了数学的精髓。很多人参加工作后，可能一个定理也用不到，数学白学了？不是，因为数学素养反而是让人终身受益的精华。"

数学不仅是一种重要的工具或方法，也是一种思维模式，即数学方式的理性思维；数学不仅是一门科学，也是一种文化，即数学文化；数学不仅是一些知识，也是一种素质，即数学素质。数学素养，简单地说，就是把所学的数学知识都排除或忘掉后剩下的东西。数学素养主要体现在以下四个方面：第一是看问题的数学角度；第二是有条理的理性思维；第三是逻辑推理的能力和习惯；第四是合理地量化和简化、运筹帷幄的素质。

因此，在大学数学教学中融入数学文化，展示数学的思想、精神和方法，引领学生走进数学史的长河，去追随数学家的足迹，体会数学中浓郁的人文主义精神，激起思维的活力，已经成为大学数学教育的重要使命。这就需要整合大学数学课程的文化内涵，建构起数学文化点体系。通常情况下为了体系和结构完整，大学数学的教材主要以数学的学术形态来呈现。教学者不应只把教材当作唯一的课程资源，而应该从大学生已有的经验、认知水平和情感需求出发，结合数学文化教育的维度建构文化内容，以吸引不同背景的学生，更深层次地体悟数学本质与文化。因此，有必要建构大学数学课程的文化点。

娄亚敏在《大学数学课文化点缺失与重构》中指出从数学学科自身的起源点、胶着点、发展点、审美点及其与其他学科的共通点、交融点等角度可以弥补大学数学课文化点的缺失，重构大学数学课文化点的教学。其主要观点有：（1）数学学科的起源点。数学学科枝繁叶茂，到目前已有几十个分支。介绍数学分支的起源点，可以让学生了解数学家原始的思考动机、思考方式以及解决策略，更深刻地体会数学思想和应用价值。（2）数学学科自身的胶着点。数学学科的发展并不像我们想象的那样一帆风顺，数学家在推进学科发展的过程中，也会犯错误，也会迷茫，甚至长时间处于胶着状态。（3）数学学科自身的发展点。每个数学学科分支都有自身的发展脉络，都有其内在的一种独特的理想追求，学生了解了数学学科的发展点，才会对数学学科有一个全局性的把握，才能使知识碎片连成一串。（4）数学知识的美学特征。大学数学中很多定理、公式极具审美价值，在教学中，教师要有意识地引导学生"驻足欣赏"。（5）数学与其他学科的共通点。尽管数学从形式表达上与其他学科有较大区别，但是它们在学科特征、规律性探究和美的追求上还是有共通之处的。（6）数学与其他学科的交融点。现代数学与其他学科越来越走向融合，只要在"数学"两字前加上其他学科的名字，就是一门新学科。

通过对数学文化的研究层面以及数学文化研究与数学素质教育、大学数学教育的关系的研究，认为大学数学应以以下几个方面为其文化切入点：数学本质的文化意义、数学知识的源起、数学思想方法、数学思维的训练、数学审美与数学精神。

第一节　数学本质的文化意义

教学的本质是指数学的本质特征，即数学是量的关系。数学的抽象性、模式化、数学应用的广泛性等特征都是由数学的本质特征派生出来的。首先，数学揭示事物特征的方式是以量的方式，因此数学必然是抽象的；其次，量的关系是以不同模式呈现，并且通过寻求不同模式来展开研究的，因此数学是模式化的科学；最后，客观事物是相互联系的，量是事物及其联系的本质特征之一，因此数学应用是广泛的。

数学本质的文化意义在于理解数学的抽象性及模式化是研究世界、认识世界的基本方法和基本思想。作为知识的数学的文化意义中，数学本质的文化意义最为重要。大学数学课程基本的文化点即是数学本质的文化意义。揭示数学本质的文化意义的重点在于揭示数学的抽象性和模式化，从而形成透过现象看本质的思想素养。

一、数学的抽象性

数学的抽象大大高于其他学科的抽象。在数学中，不仅概念是抽象的，而且方法、手段、结论也是抽象的。数学的这种抽象性导致它应用的广泛性。所以，抽象的观点是数学中一个基本的观点。

下面以哥尼斯堡七桥问题为例，来说明抽象的观点。

哥尼斯堡是欧洲一个美丽的城市，有一条河流经该市，河中有两个小岛，岛与两岸间、岛与岛间共有七座桥相连。人们晚饭后沿河散步时，常常走过小桥来到岛上或到对岸。一天，有人想出一种游戏来，他提议不重复地走过这七座桥，看看谁能先找到一条路线。这引起了许多人的兴趣，但经过多次尝试，没有一个人能够做到。不是少走了一座桥，就是重复走了一座桥。多次尝试失败后，有人写信求教于当时的大数学家欧拉。欧拉思考后，首先把岛和岸都抽象成点，把桥抽象成线，然后欧拉把哥尼斯堡七桥问题抽象成"一笔画问题"：笔尖不离开纸面，一笔画出给定图形，不允许重复任何一条线，这简称为"一笔画"。需要解决的问题是：找到一个图形可以一笔画的充分必要条件，并且对可以一笔画的图形给出一笔画的方法。

欧拉经过研究，完满地解决了上述问题，并且把成果写成论文，在彼得堡科学院的讲台上宣读。欧拉把图形上的点分成两类：注意到每个点都是若干条线的端点，如果以某点为端点的线有偶数条，就称此点为偶节点；如果以某点为端点的线有奇数条，就称此点为奇节点。要想不重复地一笔画出某图形，那么除去起始点和终止点两个点外，其余每个点，如果画进去一条线，就一定要画出来一条线，从而都必须是偶节点。于是图形可以一笔画的必要条件是图形中的奇节点不多于两个。反之也成立：如果图形中的奇节点不多于两个，就一定能完成一笔画。当图形中有两个奇节点时，则从任何一个点起始都可以完成一笔画（不会出现图形中只有一个奇节点的情况，因为每条线都有两个端点）。这样，欧拉就得出了图形可以一笔画的充分必要条件：图形中的奇节点不多于两个。再由此看哥尼斯堡七桥问题，图形中有四个奇节点，因此该图形不能一笔画。难怪对于不重复地走过七座桥这个游戏，所有的尝试都失败了。

从这个例子中，我们深刻地感受到数学抽象性的强大威力，它也开了拓扑学的先河。

二、数学的模式化

数学是模式的科学。数学的本质特征是数学的抽象性，数学抽象的本质是其形式建构性质。

纯存在性证明即是一种形式建构。数学上证明一个事物存在可以有两种途径：一种是构造性证明，即用某种方式把该事物构造出来；另一种是纯存在性证明，即用逻辑推理的方式证明该事物一定存在。人们很容易接受构造性证明，但不太容易接受纯存在性证明。下面用纯存在性证明的方法来证明：天津市南开区里至少有两个人的头发根数一样多。

先通俗地解释一下抽屉原理：把4个苹果放到3个抽屉里，至少会有一个抽屉里有两个或两个以上的苹果。然后再用抽屉原理证明一个小命题，以加深对抽屉原理的理解。这个命题是：367个人中，至少有两个人会在同一天过生日。因为生日只论几月几日，不论年，而平年有 365 天，闰年有 366 天，现在有 367 个人，所以至少有两个人的生日在同一天。

最后再来证明"天津市南开区至少有两个人的头发根数一样多"。这是因为一个人的头发不会超过 20 万根，而天津市南开区的人数多于 20 万，所以运用抽屉原理就知道，天津市南开区至少有两个人的头发根数一样多。这就是纯存在性证明，它证明了命题，但并未指出哪两个人的头发根数一样多。这比通过数头发根数去找出头发根数相同的两个人的构造性证明要高明，因为数头发根数很容易数错，更不用说由于数的时间过长，在数的过程中还可能掉头发。这个例子一方面让学生知道了纯存在性证明是怎么回事，另一方面也让学生感觉到数学逻辑推理的强大威力，体会到数学的魅力。

这个例子中的抽屉原理就是一个模式。

大学数学教学中应挖掘自身内容揭示数学抽象的本质——形式建构性质，体会数学的模式化。

第二节 数学知识的源起

很多学生认为数学课只是教师讲授数学专业知识，学生接受确定的、一成不变的数学内容的过程。在课堂上，教师不介绍相应的数学史知识，学生就难以了解该数学知识的背景及产生的前因后果，学生就会忽视那些有用的数学精神、思想和方法。

在数学各门基础课的课堂教学中有机地融入数学史知识，渗透数学文化，是激发学生学习数学兴趣的好办法。在数学教学中讲授数学史知识时，不能简单地介绍史实，而应该着重揭示蕴含于历史进程中的数学文化价值，营造数学的文化意境，提高学生的数学文化品位。

一、关于数学史和数学文化

进入 21 世纪以来，运用数学史进行数学教育的理论和实践都获得了长足的进步。数学史研究既在学术上不断取得进展，更在服务社会、承担社会责任方面迈出了重要的步伐。数学史知识在我国数学课程标准和各种教材中系统地出现，数学课堂上常常见到运用数学史料进行爱国主义教育的情景。这些进步是有目共睹、令人鼓舞的。但不可否认的是，运用数学史进行数学教学还有许多不足之处。我们看到的状况往往是在教学中介绍一下某个数学家的数学贡献就过去了。有的只是直接介绍数学史料，如列举"函数"定义的发展历程，却没有展开。在进行爱国主义教育时也有某种简单化的倾向。一般来说，在数学教育中运用数学史知识，还停留在史料本身，只讲是什么，少讲为什么。因此，在数学教育中运用数学史知识，需要有更强的社会文化意识，努力挖掘数学史料的文化内涵，以提高数学教育的文化品位。

（一）揭示数学史知识的社会文化内涵

数学的进步是人类社会文明发展的火车头。在人类文明发展的几个高峰中，数学的进步是其突出的标志。

《几何原本》是古希腊文明的标志性贡献。文艺复兴以后的科学黄金时代，以牛顿建立微积分方法和力学体系为最重要的代表。19、20世纪之交的现代文明，是以数学方法推动相对论的建立而显现的。至于今天正在经历的信息时代的文明，冯·诺伊曼创立的计算机方案是信息技术的基础和发展的源泉。这些史实都表明数学文化是和人类文明密切相关的。

在数学教材和数学课堂上，把数学史知识作为数学文化载体融入教学时，应注重揭示数学史知识的社会文化内涵。这就需要揭示数学史上人和事的社会背景，从社会文化的高度加以阐述和展开。下面通过数学史融入课堂的例子进行说明。

（1）关于《几何原本》。在平面几何课上，我们不能只简单地介绍欧几里得的生平和《几何原本》的写作年代，应该联系当时的社会文化现象，解释为什么古希腊会产生公理化的思想方法，而中国古代数学又为什么会注重算法体系的建立，较少关注演绎推理的运用。这主要有以下两方面的原因：

一方面，由于古希腊实行的是少数奴隶主的"民主制度"，执政官通过选举产生，预算、决算、战争等大事需要投票解决。这就为奴隶主之间进行平等讨论提供了制度保证。进一步，平等讨论必然要以证据说理，崇尚逻辑演绎，体现客观的理性精神。这反映到数学上，就是公理体系的建立和演绎证明的运用。

另一方面，中国古代实行的是君主皇权制度，数学创造以是否能为皇权服务为依归，因此《九章算术》几乎等同于古代中国的"国家管理数学"（李迪先生语），丈量田亩、合理征税、安排劳役等为君王统治效力的数学方法成为主题，实用性的算法思想受到关注。

如果我们这样讲解古希腊和古代中国的数学，就会有浓烈的人文主义的色彩，容易使学生受到人文精神的感染。

（2）关于爱国主义的问题。中华文明是世界上唯一得以完全延续的文明。运用数学史进行爱国主义教育，是理所当然的事。

对于某些中国古代的数学研究成果，经常说比西方早多少年，却很少说我们的数学整体上比西方数学晚，因而要向他们学习。这样就会造成一定的曲解。有人曾经对一个骨干教师进修班做过一项调查，60%以上的教师误以为中国是世界上出现数学成果最早的国家。

我们不能回避以下历史事实：中国古代数学发展整体上落后于古埃及、古巴比伦和古希腊数学。得到研究成果的时间晚一点又如何？这是一个心态问题。美国建国才200多年，在初等数学范围内，美国没有领先于世界的数学成果，难道美国中小学数学课就没有爱国主义教育了吗？他们进行爱国主义教育的宗旨是，学习一切优秀的文化，后来居上，成为世界上最强大的国家。中国现在是世界大国，也应该有这样的气魄。我们今天的爱国主义教育应该实行"拿来主义"，学习一切优秀的数学文化，最后落脚在"赶超"世界先进水平之上。

（3）关于介绍更多的中国近现代数学家的问题。介绍中国数学家不能仅局限于介绍祖冲之、刘徽等少数古代数学家，也要介绍近现代数学家。举例来说，高中"排列组合"的教学，应该提到李善兰组合恒等式，那是在清末中国科学极端落后的年代里非常罕见的创新成果，值得我们珍视。同样，陆家羲解决"寇克满女生问题""斯坦纳系列"等组合学世界难题，并获得国家科学一等奖，也应该进入教材。尤其是作为普通的物理教师做出这样的成果，更是难能可贵。在教学中，不能只是简单地介绍他们的成果，更要介绍他们所处的社会背景，弘扬他们坚忍不拔的创新精神。

中国数学教育能够很顺利地接受西方的公理化的逻辑演绎思想，今日能以逻辑推断见长，不得不提及中国的考据文化。以清代中期戴震为代表的考据学派，曾对中国科学的发展有过重要的作用。

梁启超在《清代学术概论》中这样说："自清代考据学派200年之训练，成为一种遗传。我国学子之头脑渐趋于冷静缜密。此种性质实为科学成立之基本要素。我国对于形的科学（数理），渊源本远。用其遗传上极优粹之科学头脑，将来必可成为全世界第一等之科学国民。"

考据文化的本质是不能把想象当作事实，不可把观感当作结论，必须凭证据说话，进行符合逻辑的分析。训诂、考证中讲究治学严谨，其实是逻辑严谨。当然，数学的逻辑要求，较之考据的要求还要高。例如，做出考据的结论不能依靠一个证据，即孤证不足为凭，至少要有两个例证。但是，数学则有更进一步的要求，个别的例子再多也无用，必须进行完全覆盖，给出无遗漏的证明。我们在课堂上进行这样的对比，联系中国的考据文化进行逻辑证明教学，应该会更加有效。

总之，介绍数学史不能就事论事，应当努力揭示含于历史进程中的社会文化价值。

（二）阐发数学历史的文化价值

陈省身先生在为李文林先生的《数学史概论》题词时写道："了解历史的变化是了解这门科学的一个步骤。"数学史正是为数学学习者提供了领会数学思想的台阶。

例如，学习"对顶角相等"这一内容时，"对顶角相等"要不要证明？这种一眼就能判断的问题为什么要证明？《几何原本》中是怎样证明的？中国古代数学为什么没有这样的定理？实际上，揭示"对顶角相等"的文化底蕴，学习古希腊文明的理性精神，比单纯掌握这个十分显然的结论要重要得多。可惜，我们都轻易地放过了。在课堂上组织学生讨论，体会这一证明的重要性，是数学教学必不可少的一部分。

再如，在课堂上介绍解析几何的历史，怎样帮助学生从笛卡儿创立坐标方法的历史中获得文化教益？根据可靠的数学史实，首先要介绍笛卡儿是一位哲学家。他有一个大胆的设想是：科学问题—数学问题—代数问题—方程问题。他为了将度量化为方程问题，即建立算术运算和几何图形之间的对应，建立了斜坐标系和直角坐标系。这是一个大胆的设想，一次伟大的哲学思考，一种气势磅礴的科学想象。坐标系是在将几何与代数相互连接起来的深刻的科学思考中产生的。正如上述陈省身先生的题字那样：了解这段历史的变化是了解解析几何的一个步骤。仅仅说坐标系起源于经纬线是不够的，是缺乏文化品位的。再进一步，在李文林的《数学史概论》中还有一段话非常精彩："我们看到，笛卡儿《几何学》的整个思路与传统的方法大相径庭，在这里表现出笛卡儿向传统和权威挑战的巨大勇气。"笛卡儿在《方法论》中尖锐地批判了经院哲学，特别是被奉为教条的亚里士多德的三段论法则，认为三段论法则"只是在交流已经知道的事情时才有用，却不能帮助我们发现未知的事情"。他认为古人的几何学所思考的只限于形，而近代的代数学则太受法则和公式的束缚·因此他主张采取几何学和代数学中一切最好的东西，互相取长补短。这种怀疑传统与权威、大胆思索与创新的精神，反映了文艺复兴时期的时代特征。笛卡儿的哲学名言是："我思故我在。"他解释说："要想追求真理，我们必须在一生中尽可能地把所有的事物都来怀疑一次"——用怀疑的态度代替盲从和迷信，依靠理性才能获得真理。可以设想，我们如果用这样的观点来介绍笛卡儿，那么一定能够增加数学史的文化感染力。

将数学史知识融入数学教学还应强调数学史的文化感染力。比如，"勾股定理"的教学设计，可以从运用数学史实加以展开。首先是建造金字塔的古埃及，没有勾股定理的记载，然后是在古巴比伦的泥版上发现了勾股数，中国的勾三股四弦五，古希腊的毕达哥拉斯的结论及证明的记载，中国赵爽的代数方法巧证等。这些史实展现了人类文明的特征。然后联系2002年北京数学家大会采用赵爽证明作为会标，以及作为勾股定理不能推广到高次的费马大定理的解决，一幅幅绚丽的历史画卷，将会使得学习者赏心悦目，受到深刻的文化感染。由此对数学文明产生一种敬畏和感恩之心，并从而了解数学，热爱数学。

（三）营造数学史知识的文化意境

营造适当的文化意境，可以扩大在数学教育中运用数学史知识的范围。数学和文学都是人创立的，其间必然存在着人文的联系，特别是意境的契合。许多古代的文学作品，虽然并不是专门的数学创作，却具有数学意蕴，可以帮助我们理解数学。

例如，营造"极限"概念教学的文化意境，我们常常引用《庄子·天下篇》的名句"一尺之棰，日取其半，万世不竭"作为中国古代有无穷小思考的例证。其实庄子的这句话，本意在于"万世不竭"，并不是说"这是趋向于0的极限过程"。那么为什么大家都认为它能帮助理解极限呢？主要在于意境。人们通过日取其半的动态过程，感受到"棰虽越来越短，接近于零却不为零"的状态。庄子并非数学家，《庄子》也不算数学著作，但是它能够用于数学教学，所以我们把它当作数学史料来利用。同样徐利治先生用李白的诗句孤帆远影碧空尽，唯见长江天际流"来描写极限过程，和"一尺之棰"的故事一样，都是利用了文学和数学在极限意境上的契合。

再如，关于"空间"的教学，从陈子昂的《登幽州台歌》可以"借"来数学意境，对其千古名句："前不见古人，后不见来者。念天地之悠悠，独怆然而涕下"一般的语文解释是：上两句俯仰古今，写出时间绵长。第三句登楼眺望，写出空间辽阔。在广阔无垠的背景中，第四句描绘了诗人孤单、寂寞、悲哀、苦闷的情绪，两相映照，分外动人。然而，从数学上来看，这是一首阐发时间和空间感知的佳句。前两句表示时间可以看成是一条直线（一维空间），诗人以自己为原点，前不见古人指时间可以延伸到负无穷大，后不见来者则意味着未来的时间是正无穷大。后两句则描写三维的现实空间：天是平面，地是平面，悠悠地张成三维的立体几何环境。全诗将时间和空间放在一起思考，使人感叹自然之伟大，产生敬畏之心，以至怆然涕下。这样的意境可以是数学家和文学家彼此相通的。进一步说，爱因斯坦的四维时空学说，也能和此诗的意境相衔接。

（四）提供数学史料，加深对数学知识的文化理解

当前的数学教学往往局限于一个概念、一个定理、一种思想的局部历史的介绍，缺乏宏观的历史进程的综合性描述。实际上，用宏观的数学史进程可以更深刻地揭示数学的含义。

例如，关于"无限"的教学。无限是一个普通名词，也是一个数学名词。小学生学习数学，就要接触无限。例如，自然数是无限的，两条直线段无限延长不相交称为平行，无限循环小数等，都是直接使用无限的用语，并没有特别的定义。"无边落木萧萧下""夕阳无限好"等词句的内涵，也支撑着学生对数学无限的理解。自然语言和数学语言的交互作用，可以帮助学生理解数学概念。但是只有数学，才真正对无限进行了实质性的探究。数学哲学研究中，潜无限与实无限的差别是关键的一步。牛顿运用无限小量创立了微积分，康托的集合论对无限大进行了分析。这是数学史为数学教育服务的重要方面。

类似地，我们可以考察面积、体积、测度概念的发展历史，考察方程、函数、变换、曲线概念之间联系的历史进程，还可以叙述数学不变量的发展历程三角形的内角和，四边形的内角和，对称变换的不变量，几何问题的定值，拓扑不变量，乃至陈省身类等。这样的宏观思考，值得进一步去做。

在别人看不见数学的地方发现数学问题，解决数学问题，是最高的数学创新，比做别人给出的问题更胜一筹。运用数学史料对正在进行的数学教学给以历史经验的衬托，将会对学生起到激励作用。

总之，努力揭示数学史知识的文化内涵，将会使得数学史进一步融入数学教育，增强数学文化的教育作用。

二、大学数学中融入数学史

大学数学中涉及的概念、定理比较多，而每一个概念、定理都有其产生、发展的历史

过程。如果在教学过程中能够简单地介绍相关概念、定理的发展历史及有关历史事件，那么对大学数学课程的教学具有十分重要的意义。

（一）概念教学中融入数学史，加深对概念的理解和认识

函数是高等数学研究的主要对象之一。函数的概念在初中和高中都有讲到，在高等数学课程中又要首先讲函数的概念。因此，了解函数概念的演变、产生的历史对学生理解和掌握函数有很重要的作用。

函数概念的产生是从人们对物体运动的研究，特别是对天体运动的研究开始的。函数这一名词，是微积分的奠基人之德国哲学家、数学家莱布尼兹在 1673 年首先使用的。在最初，莱布尼兹用函数一词表示幂，即 x, x^2, x^3；其后，莱布尼兹还用函数一词表示曲线上点的横坐标、纵坐标、切线长等与曲线上的点相应的某些几何量。函数概念也像其他数学概念一样，随着数学的发展而不断完善。18 世纪，伯努利给函数的定义是：变量的函数就是变量和常量以任何方式组成的量。欧拉对函数的概念先后进行了三次扩充：（1）变量的函数是一个解析表达式，是由这个变量和一些常量以任何方式组成的（解析的函数概念）；（2）在 xOy 平面上徒手任意画出的曲线所确定的 x 与 y 之间的关系是函数（图像的函数概念）；（3）如果某些变量依赖于另一些变量，当后面的变量变化时，前面的变量也随之变化，那么前面的变量就叫作后面变量的函数。1837 年，狄利克雷进一步给出函数的定义：对于 x 的每一个确定的值，y 都有完全确定的值与之对应，那么 y 就叫 x 的函数。这一概念由于抓住了函数的本质——对应，使函数概念得到很大发展。19 世纪 70 年代，康托尔的集合论问世，使函数的变量突破数的限制，函数概念上升为从集合到集合的映射，从而引起认识上的飞跃，大大拓宽了函数应用的范围。

这样通过对函数概念产生历史的讲解，使学生认识到现在学习的函数概念是经过漫长、曲折的演变而来的，从某种意义上说，它反映了人们对事物逐渐精确化的过程，从而加深学生对函数概念的理解和认识。

极限是微积分中研究函数的方法，极限的概念是微积分中许多概念的基础。极限思想很早就已出现，如我国古代刘徽的割圆求周术等，就包含着极限的思想。但形成现在极限的概念却是很久以后的事。我们现在是先学习极限理论，再在此基础上定义微分和积分，而历史上却是先有微分和积分的概念，而后才建立极限理论的。

17 世纪中叶微积分建立以后，分析学飞快地向前发展，18 世纪达到空前灿烂的程度，其内容丰富，应用广泛，简直令人眼花缭乱。它的推进是那样迅速，以至人们还来不及检查和巩固这一部分的理论基础，因而遭受种种非难。1821 年，柯西出版了《分析教程》一书，以后又出版了《无穷小计算讲义》《无穷小计算和几何中的应用》，给出了分析学一系列基本概念的严格定义，这就是我们现在讲的极限的定义。柯西在 1821 年提出 ε 方法（后来又改写成 δ），即所谓的极限概念的算术化，把整个极限过程用不等式来刻画，使无穷运算化为一系列不等式的推导。后来魏尔斯特拉斯将 ε 和 δ 联系起来，完成了 ε-δ 方法。

这样通过极限定义及极限理论建立过程的讲解，使学生对极限定义的产生过程有了清楚的了解，同时也认识到极限理论对于微积分的重要性。

（二）定理教学中融入数学史，了解定理产生的过程及作用

在讲到泰勒级数时，可向学生介绍泰勒级数产生的过程。泰勒提出泰勒级数，但泰勒级数严格的证明是柯西在一个多世纪以后给出的。泰勒级数的重要性在半个世纪以后才被拉格朗日认识到，后来拉格朗日试图以泰勒级数作为全部分析学的基础。又过了一个半世纪，魏尔斯特拉斯用幂级数的观点建立起复变函数论。

通过这样的讲解，可使学生了解泰勒级数产生的曲折和艰难，以及泰勒级数在分析学中的重要性。从而可启发、引导学生学习和借鉴数学家的思维方式，像数学家那样发现问题、思考问题。

（三）探寻数学学科的起源，揭示数学思想

数学学科枝繁叶茂，到目前已有几十个分支，都源于对一些具有启发意义的问题的思考。介绍数学分支的起源，可以让学生了解数学家原始的思考动机、思考方式以及解决策略，更深刻地体会数学思想及其应用价值。

比如，微积分是大学数学的重点内容，是由牛顿、莱布尼兹两人共同创立的，教师可因势利导，适时地厘清微积分发展的脉络。

（1）源起：大家所熟知的牛顿是英国的物理学家，他在研究变速运动的物体在 t_0 时刻的瞬时速度时，发现求瞬时速度最终归结为求路程函数 $s=s(t)$ 的平均变化率 $\Delta s / \Delta t$（Δt 当→0时）的值。莱布尼兹是德国的一位数学家，他在研究平面曲线 $y=f(x)$ 在 x_0 处的切线斜率时，最终也发现求斜率就是求 $\Delta y / \Delta x$（当 $\Delta x \to 0$ 时）的值。撇开上面问题具体的应用背景，抽象出问题的本质，即研究一个函数的变化量与自变量的变化量的商的极限，即现在我们称之为导数的问题。

（2）严谨化：牛顿的微积分称为流数术，符号复杂。微积分的严密、完整的符号是由莱布尼兹发明创立的。

（3）争论：由于牛顿要早于莱布尼兹发现微积分，而微积分的研究成果却是莱布尼兹先发表的，因此，对是牛顿还是莱布尼兹最先发现微积分出现了争论。后人裁定：对物理学家牛顿而言，数学是他研究物理学的工具，而对数学家莱布尼兹而言，数学是合理表现世间万物的工具，两位从不同的观点出发想到了微积分，因此思路的表现方式也有所不同，都是独立发现微积分学的，故微积分学的基本公式取名为牛顿 - 莱布尼兹公式。

（4）发展脉络：微积分的创立顺序并不是教材呈现的顺序。数学史上 / 微分学与积分学是两门学科，积分学的产生还要先于微分学（主要源起于土地面积的计算等应用）。而后牛顿和莱布尼兹共同创立了导数的概念，并建立了微分学与积分学之间的联系——微积分基本公式，之后又经历了极限概念的完善，才有了严谨的微积分学。

通过对微积分起源的介绍，不仅使学生了解了数学家们如何用极限的思想来描述无限变化，而且也体会到了从不同视角考虑有时可以达到相同的目的。

（四）融数学历史事件于教学中，了解课程内容在数学发展史中所处的地位

微分和积分是数学分析的主要内容，它产生于 17、18 世纪。因此，17、18 世纪的数学史几乎全部是数学分析的历史。微积分是牛顿、莱布尼兹在总结了前人工作的基础上各自独立完成的。牛顿产生微积分的思想在先，而莱布尼兹的论文发表得最早，但由于狭隘的民族偏见，微积分是谁先发明的问题竟引起 100 多年的无谓争端。这种争论没有任何价值，反倒使英国的微积分发展推迟了若干年。事实上，牛顿和莱布尼兹都是伟大的数学天才，他们在前人思想的基础上融入自己独特的思想，又进行了全面深入的总结和提高，才使微积分像空中闪电般迸发出来，并照亮了数学前进的道路。

通过对这一历史事件的讲解，使学生对微积分产生的来龙去脉有了清楚的认识，并且从中学到对待科学的态度，有助于培养学生形成正确的人生观和世界观，形成良好的学习风气。

（五）透视数学学科自身的胶着点，体会数学问题解决的艰辛和数学家们追求真理的不折不挠的精神

数学学科的发展并不是我们想象的那样一帆风顺。数学家在推进学科发展的过程中也会犯错误，也会有迷茫，甚至长时间处于胶着状态。

例如，无穷级数求和是初等数学中有限项求和的延伸，教师既要注意到学生原有的认知习惯，又要关注无限与有限的质的区别。在教学前，先以一个简单的问题：1-1+1-1+1-1+…，引导学生思考可能的答案，并对答案进行合理的解析：0（偶数个加数）或 1（奇数个加数），适当介绍数学史上有争论的答案：0，1，1/2 等。这个看似简单的问题也曾困扰了 17、18 世纪一流的数学家。1703 年意大利数学家格兰第首先得到然后德国数学家莱布尼兹于 1715 年给数学家沃尔夫的信中认为格兰第的结果是正确的，他认为部分和 1 和 0 出现的概率相同，因此结果应是 1 和 0 的平均值 1/2。这个解释也被当时瑞士著名数学家雅格·伯努利和约翰·伯努利所接受，后来法国著名数学家拉格朗日和普阿松也对其深信不疑。类似于格兰第，欧拉也得到了这样的结果。那么，答案是 1/2 吗？历经百年，柯西经过深刻研究后才指出，上面的解法犯了墨守成规的错误，即把有限项相加的规则生搬硬套到了无穷项的加法上。据说法国数学家拉普拉斯未等柯西的报告结束，便提心吊胆地回到书房，逐一核查他的名著—《天体力学》中的无穷级数部分。

通过这个胶着点的介绍，澄清学生对无限问题的定式认识，清晰认识无穷和、有限和之间的本质差异，体会到数学问题解决的艰辛和数学家们追求真理的不折不挠的精神，最终揭示无穷级数求和的本质——无穷级数求和问题既然是极限问题，其结果就有可能存在也有可能不存在，研究无穷级数求和问题就是运用极限方法，通过求部分和数列的极限来

考察级数的收敛性或求出级数的和。

另外，还可以融数学家的生平事迹于教学中，学习伟人的思想和奋斗精神。

数学的发展已有几千年的历史，在学习数学知识的同时也在学习数学历史。因此，将数学史与数学教育有机地结合，已成为当今世界教育的热点问题，在大学数学教学中融入数学史是十分必要和有益的。

第三节　数学思想方法

数学思想是指人们对数学理论和内容的本质的认识，数学方法是数学思想的具体化形式，两者本质相同，通常统称为数学思想方法。数学思想方法在人类文明中的作用表现在数学与自然科学结合以及数学与社会科学的结合。

在天文学领域里，开普勒提出了天体运动三大定律。开普勒是世界上第一个用数学公式描述天体运动的人，他使天文学从古希腊的静态几何学转化为动力学。这一定律出色地证明了毕达哥拉斯主义核心的数学原理：现象的数学结构提供了理解现象的钥匙。

爱因斯坦的相对论是物理学中，乃至整个宇宙的一次伟大革命，其核心内容是时空观的改变。牛顿力学的时空观认为时间与空间不相干。爱因斯坦的时空观却认为时间和空间是相互联系的。促使爱因斯坦做出这一伟大贡献的仍是数学的思维方式。

在生物学中，数学使生物学从经验科学上升为理论科学，由定性科学转变为定量科学。它们的结合与相互促进已经产生并将继续产生许多奇妙的结果。生物学的问题促成了数学的一大分支——生物数学的诞生与发展，到今天生物数学已经成为一门完整的学科。

在社会科学的领域，更能体现出数学思想的作用。要借助数学的思想，首先必须发明一些基本公理，然后通过严密的数学推导与证明，从这些公理中得出人类行为的定理。而公理又是如何产生的呢？借助经验和思考。在社会学的领域中，公理自身应该有足够的证据说明它们合乎人性，这样人们才会接受。说到社会科学，就不免提一下数学在政治领域中的作用。休谟曾说："政治可以转化为一门科学。"在政治中不能不提的便是民主，民主最为直接的表现形式就是选举，而数学在选票分配问题上发挥着重要作用。选票分配首先就是要公平，而如何才能做到公平呢？1952 年数学家阿罗证明了一个令人吃惊的定理——阿罗不可能定理，即不可能找到一个公平合理的选举系统。这就是说，只有相对合理，没有绝对合理。阿罗不可能定理是数学应用于社会科学的一个里程碑。

在经济学中，数学的广泛而深入的应用是当前经济学最为深刻的变革之一。现代经济学的发展对其自身的逻辑和严密性提出了更高的要求，这就使得经济学与数学的结合成为必然。首先，严密的数学方法可以保证经济学中推理的可靠性，提高讨论问题的效率。其次，具有客观性与严密性的数学方法可以抵制经济学研究中先入为主的偏见。最后，经济学中的数据分析需要数学工具，数学方法可以解决经济生活中的定量分析。

在人口学、伦理学、哲学等其他社会科学中也渗透着数学思想。数学思想方法是大学数学课程中重要的文化点。数学思想方法是数学教学的灵魂和指南，主要包括函数与方程、数形结合、分类与整合、化归与转化、特殊与一般、有限与无限、或然与必然等七种思想方法。

在课堂教学实践中，要注意提炼这些数学思想方法。根据知识的历史发展顺序与教学内容的安排顺序，引领学生从文化思想的视角审视有关内容，可以使学生体会到知识的思想和精神实质。进行文化性的教学离不开好的教材，而融入文化性的大学数学的教材比较少。如果教材能够将数学事实的背景和相关联的数学家、数学故事介绍给学生，那么这将使学生不仅能掌握数学知识，学到数学技能，更能经历数学思想历程，从而促进他们学好高等数学。

一、化归与转化

所谓化归，是把未知的、待解决的问题转化为已知的、已解决的问题，从而解决问题的过程。这是数学工作者解决问题常用的思路。

数学家波利亚用一个烧水的浅显例子，把化归的数学思想解释得非常明白。他说："给你一个煤气灶、一个水龙头、一盒火柴、一个空水壶，让你烧一满壶开水，你应该怎么做？"你于是回答："把空水壶放到水龙头下，打开水龙头，灌满一壶水，再把水壶放到煤气灶上，点燃煤气灶，把一满壶水烧开。"他说："对，这个问题解决得很好。现在再问你一个问题：给你一个煤气灶、一个水龙头、一盒火柴，一个已装了半壶水的水壶，让你烧一满壶开水，你又应该怎么做？"然后波利亚说："物理学家这时会回答：把装了半壶水的壶放到水龙头下，打开水龙头，灌成一满壶水，再把水壶放到煤气灶上，点燃煤气灶，把一满壶水烧开。但是数学家的回答是：把装了半壶水的水壶倒空，就划归为刚才已解决的问题了。"

数学教学中在解决数学问题时，常会用到化归与转化的思想。要让学生理解、掌握化归的思想，并且使之转化为自身的数学素养，自觉地运用化归的思想。

"转化"多指等价转化。等价转化是把未知解的问题转化为在已有知识范围内可解的问题的一种重要的思想方法。通过不断地转化，把不熟悉、不规范、复杂的问题转化为熟悉、规范甚至模式化、简单的问题。等价转化思想无处不在，我们要不断培养和训练学生自觉的转化意识，这将有利于强化学生解决数学问题时的应变能力，提高其思维能力和技能、技巧。转化有等价转化与非等价转化。等价转化要求转化过程中前因后果是充分必要的，才能保证转化后的结果仍为原问题的结果。非等价转化的过程是充分的或必要的，要对结论进行必要的修正（如无理方程化有理方程要求验根），它能给人带来思维的闪光点，找到解决问题的突破口。我们在应用时一定要注意转化的等价性与非等价性的不同要求，实施等价转化时确保其等价性，保证逻辑上的正确性。

等价转化思想方法的特点是具有灵活性和多样性。在应用等价转化思想方法去解决数学问题时，没有一个统一的模式。它可以在数与数、形与形、数与形之间进行转换；可以在宏观上进行等价转化，如在分析和解决实际问题的过程中，普通语言向数学语言的翻译；可以在符号系统内部实施转换，即所说的恒等变形。消去法、换元法、数形结合法、求值求范围问题等，都体现了等价转化的思想，我们更是经常在函数、方程、不等式之间进行等价转化。可以说，等价转化是将恒等变形在代数式方面的形变上升到保持命题的真假不变。由于其多样性和灵活性，我们要合理地设计转化的途径和方法，避免生搬硬套题型。

在数学问题中实施等价转化时，我们要遵循熟悉化、简单化、直观化、标准化的原则，即把我们遇到的问题，通过转化变成我们比较熟悉的问题来处理；或者将较为烦琐、复杂的问题，变成比较简单的问题，如从超越式到代数式、从无理式到有理式、从分式到整式等；或者将比较难以解决、比较抽象的问题，转化为比较直观的问题，以便准确把握问题的求解过程，如数形结合法；或者从非标准型向标准型进行转化。按照这些原则进行转化，省时省力。经常渗透等价转化思想，可以提高解题的水平和能力。

二、有限与无限

有限与无限是有本质区别的。初等数学主要研究常量，较多地用到有限；高等数学主要研究变量，较多地用到无限。所以搞清有限与无限的联系与区别，是重要的数学素养。

古希腊的哲学家芝诺讲过四个悖论，我们借用其中一个，从数学角度看这一悖论。

所谓悖论，就是有悖于常理的言论，是一种自相矛盾的言论。例如，"甲是乙""甲不是乙"这两个命题中总有一个是错误的，但"本句话是七个字""本句话不是七个字"这两个命题却都是对的。这就是一个悖论。

芝诺讲了一个"阿基里斯追不上乌龟"的悖论。阿基里斯是古希腊神话中跑得最快的神，而乌龟是爬得很慢的动物，即使让乌龟先爬出一段路，阿基里斯也应该很快能追上乌龟。芝诺却说，他可以证明，阿基里斯永远也追不上乌龟。他是这样证明的：假设乌龟先爬出一段距离 s_1 到达 A 点，阿基里斯要想追上乌龟，首先得跑到 A 点。而当阿基里斯跑过距离 s_1 到达 A 点时，乌龟同时又爬出一段距离 s_2 到达 B 点。这时阿基里斯要想追上乌龟，就又得跑到 B 点。当阿基里斯又跑过距离 s_2 到达 B 点时，乌龟同时又爬出一段距离 s_3 到达 C 点。这样下去，阿基里斯跑到 C 点时，乌龟又爬到 D 点了，阿基里斯跑到 D 点时，乌龟又爬到了 E 点。如此这般，阿基里斯岂不是永远也追不上乌龟了？

这个悖论的症结在哪里呢？学生会积极思考，踊跃回答。教师应逐步引导学生认识到：表面上看起来阿基里斯要想追上乌龟需要跑无穷段路程，因为是无穷段，所以感觉永远也追不上，但实际上这无穷段路程的和却是有限的。所以阿基里斯跑完这段有限的路程后，其实已经追上乌龟了。

关于"无穷段路程的和可能是有限的"问题，可以让学生回忆无穷递缩等比数列的和。

这样的数列有无穷多项，但这无穷多项的和却是有限的。芝诺故意把有限的路程巧妙地分割成无穷段路程，让人产生一种错觉，以为是永远也追不上了。

还可以再举一些有限与无限的例子说明无限的本质，如真子集与全集可以有一一对应。例如，全体自然数的一个真子集是全体正偶数，但是这两个集合间的元素却一一对应。所以，"部分量小于全量"的命题只对有限集是正确的。

三、函数与方程

函数思想是指用函数的概念和性质去分析问题、转化问题和解决问题。方程思想是从问题的数量关系入手，运用数学语言将问题中的条件转化为数学模型（方程、不等式或方程与不等式的混合组），然后通过解方程（组）或不等式（组）来使问题获解。有时，还实现函数与方程的互相转化、接轨，达到解决问题的目的。

笛卡儿的方程思想是：实际问题→数学问题→代数问题→方程问题，即把任何问题转化成数学问题，把任何数学问题转化成代数问题，把任何代数问题归结为解方程。我们知道，哪里有等式，哪里就有方程；哪里有公式，哪里就有方程；求值问题是通过解方程来实现的；等等。不等式问题也与方程密切相关。列方程、解方程和研究方程的特性，都是应用方程思想时需要重点考虑的。

函数描述了自然界中数量之间的关系，函数思想根据问题的数学特征建立函数关系的数学模型，体现了"联系和变化"的辩证唯物主义观点。

在解决问题时，善于挖掘题目中的隐含条件，构造出函数解析式和妙用函数的性质，是应用函数思想的关键。对所给的问题观察、分析、判断得比较深入、充分、全面时，才能产生由此及彼的联系，构造出函数原型。另外，方程问题、不等式问题和某些代数问题也可以转化为与其相关的函数问题，即用函数思想解答非函数问题。

我们应用函数思想的几种常见题型是：遇到变量，构造函数关系解题；有关的不等式、方程、最小值和最大值之类的问题，利用函数观点加以分析；含有多个变量的数学问题，选定合适的主变量，从而揭示各变量之间的函数关系；实际应用问题，翻译成数学语言，建立数学模型和函数关系式，应用函数的性质或不等式等知识解答；等差、等比数列中，通项公式、前 n 项和公式都可以看成是 n 的函数，数列问题也可以用函数方法解决。

四、数形结合

数形结合是一个重要的数学思想方法，包含"以形助数"和"以数辅形"两个方面，其应用大致可以分为两种情形：一是借助形的生动性和直观性来阐明数之间的联系，即以形作为手段，数为目的，如应用函数的图像来直观地说明函数的性质；二是借助数的精确性和规范严密性来阐明形的某些属性，即以数作为手段，形作为目的，如应用曲线的方程来精确地阐明曲线的几何性质。

恩格斯曾说过："数学是研究现实世界中量的关系与空间形式的科学。"数形结合就是根据数学问题的条件和结论之间的内在联系，既分析其代数意义，又揭示其几何直观，使数量关系的精确刻画与空间形式的直观形象巧妙、和谐地结合在一起，充分利用这种结合，寻找解题思路，使问题化难为易、化繁为简，从而得到解决。"数"与"形"是一对矛盾，宇宙间万物无不是"数"和"形"的矛盾的统一。华罗庚先生说过："数缺形时少直观，形少数时难入微，数形结合百般好，割裂分家万事休。"

数形结合的思想，实质是将抽象的数学语言与直观的图像结合起来，关键是代数问题与图形之间的相互转化，它可以使代数问题几何化，几何问题代数化。在运用数形结合思想分析和解决问题时，要注意三点：第一，要彻底明白一些概念和运算的几何意义以及曲线的代数特征，对数学题目中的条件和结论既分析其几何意义又分析其代数意义；第二，恰当设参，合理用参，建立关系，由数思形，以形想数，做好数形转化；第三，正确确定参数的取值范围。

数学中的知识，有的本身就可以看作是数形的结合。例如，锐角三角函数是借助直角三角形来定义的，任意角的三角函数是借助直角坐标系或单位圆来定义的。

五、分类与整合

分类是一种逻辑方法，是一种重要的数学思想，同时也是一种重要的解题策略，它体现了化整为零、积零为整的思想与归类整理的方法。有关分类讨论思想的数学问题具有明显的逻辑性、综合性、探索性，能训练人的思维的条理性和概括性。

引起分类讨论的原因主要是以下几个方面：

（1）问题所涉及的数学概念是分类进行定义的。例如，$|a|$ 的定义分 $a>0$，$a=0$，$a<0$ 三种情况给出。

（2）问题中涉及的数学定理、公式和运算性质、法则有范围或者条件限制，或者是分类给出的。例如，等比数列的前 n 项和公式分 $q=1$ 和 $q \neq 1$ 两种情况给出。

（3）解含有参数的题目时，必须根据参数的不同取值范围进行讨论。

另外，某些不确定的数量、图形的形状或位置、结论等，都主要通过分类讨论，保证其完整性，使之具有确定性。

进行分类时，我们要遵循的原则是：分类的对象是确定的，标准是统一的，不遗漏、不重复，科学地划分，分清主次，不越级讨论。其中最重要的一条是"不漏不重"。

解答分类讨论问题时，我们的基本方法和步骤是：首先要确定讨论对象以及所讨论对象的全体的范围；其次是确定分类标准，正确进行合理分类，即标准统一、不漏不重、分类互斥（没有重复）；再次对所分的类逐步进行讨论，分级进行，获取阶段性结果；最后进行归纳小结，综合得出结论。

六、特殊与一般

特殊与一般是重要的数学思想方法。数学作为对客观事物的一种认识，与其他科学认识一样，其认识的发生和发展过程遵循实践→认识→再实践的认识路线。但是，数学对象（量）的特殊性和抽象性又产生了与其他科学不同的、特有的认识方法和理论形式，由此产生了数学认识论的特有问题。

"一般"是指数学认识的一般性。数学作为一种认识，与其他科学认识一样，遵循着感性具体→理性抽象→理性具体的辩证认识过程。

事实上，数学史上的许多新学科都是在解决现实问题的实践中产生的。最古老的算术和几何学产生于日常生活、生产中的计数和测量，这已是不争的历史事实。数学家应用已有的数学知识在解决生产和科学技术提出的新的数学问题的过程中，通过试探或试验，发现或创造出解决新问题的具体方法，归纳或概括出新的公式、概念和原理。当新的数学问题积累到一定程度后，便形成数学研究的新问题（对象）类或新领域，产生解决这类新问题的一般方法、公式、概念、原理和思想，形成一套经验知识。这样，有了新的问题类及其解决问题的新概念、新方法等经验知识后，就标志着一门新的数学分支学科的产生，如17世纪的微积分。由此可见，数学知识是通过实践而获得的，表现为一种经验知识的积累。这时的数学经验知识是零散的感性认识，概念尚不精确，有时甚至导致推理上的矛盾。因此，它需要经过去伪存真、去粗取精的加工制作，以便上升为有条理的、系统的理论知识。

数学知识由经验知识形态上升为理论形态后，数学家又把它应用于实践，解决实践中的问题，在应用中检验理论自身的真理性，并且加以完善和发展。同时，社会实践的发展又会提出新的数学问题，迫使数学家创造新的方法和思想，产生新的数学经验知识，即新的数学分支学科。

"特殊"是指数学认识的特殊性。数学研究事物的量的规定性，而不研究事物的质的规定性。而量是抽象地存在于事物之中的，是看不见的，只能用思维来把握，而思维有其自身的逻辑规律。所以数学对象的特殊性决定了数学认识方法的特殊性。这种特殊性表现在数学知识由经验形态上升为理论形态的特有的认识方法——公理法或演绎法，以及由此产生的特有的理论形态——公理系统和形式系统。因此，它不能像其他自然科学那样仅仅使用观察、归纳和实验的方法，还必须应用演绎法。同时，作为对数学经验知识概括的公理系统，是否正确地反映经验知识呢？数学家解决这个问题与其他科学家不尽相同。特别之处是，他们不是被动地等待实践的裁决，而是主动地应用形式化方法研究公理系统应该满足的性质：无矛盾性、完全性和公理的独立性。为此，数学家进一步把公理系统抽象为形式系统。因此，演绎法是数学认识特殊性的表现。

七、必然与或然

"必然"是合乎一般规律，因而事件的结果具有较大确定性的情况；"或然"是规律发生作用的条件具有复杂性，因而事件结果的表现形式具有相对不确定性的情况。

世间万物是千姿百态、千变万化的，人们对世界的了解、对事物的认识是从不同侧面进行的，人们发现事物或现象可以是确定的，也可以是模糊的或随机的。为了了解随机现象的规律性，便产生了概率论这一数学分支。概率是研究随机现象的学科，随机现象有两个最基本的特征：一是结果的随机性，即重复同样的试验，所得到的结果未必相同，以至于在试验之前不能预料试验的结果；二是频率的稳定性，即在大量重复试验中，每个试验结果发生的频率"稳定"在一个常数附近。了解一个随机现象就是知道这个随机现象中所有可能出现的结果，知道每个结果出现的概率。知道这两点就说明对这个随机现象研究清楚了。概率研究的是随机现象，研究的过程是在"偶然"中寻找"必然"，然后再用"必然"的规律去解决"偶然"的问题，其中所体现的数学思想就是必然与或然的思想。

第四节　数学思维的训练

思维是人脑对客观事物的一种概括的、间接的反映。它以感知为基础而又超越感知的界限，是认识过程中的最高形式。思维以场的形式存在，并以词语为工具，通过复杂的中介和多样的方式进行信息加工，以获取关于客观事物的本质联系及相关知识，它既是高级的神经生理活动，也是复杂的心理操作，是一个动态的关联系统。思维具有区别于其他心理现象的特征，这就是思维的概括性、间接性、目的性、逻辑性。数学以数和形作为研究对象，数学思维是一种特殊的思维。

一、数学思维

任樟辉在其《数学思维理论》中指出数学思维是针对数学活动而言的，它是通过对数学问题的提出、分析、解决、应用和推广等一系列工作，以获得对数学对象（空间形式、数量关系、结构模式）的本质和规律性的认识过程。这个过程是人脑的意识对数学对象信息的接收、分析、选择、加工与整合。它既是高级的神经生理活动，也是一种复杂的心理操作。

（一）数学思维的含义

数学以数和形作为研究对象，数学思维是一种特殊的思维，是人脑运用数学符号与数学语言对数学对象间接的、概括的反映过程。具体来说，数学思维就是以数和形作为思维对象，运用数学符号与数学语言，通过数学判断与数学推理的形式揭示数学对象的本质和内在联系的认识过程。数学思维以数学活动为载体，通过提出问题、分析问题和解决问题并进而引申推广问题等形式，形成数学知识，概括总结出数学的观念、思想和方法（包括思维方式与方法），达到认识和改造客观世界的目的。

数学思维与数学方法相联系，数学思维要以数学结果的形式表达，数学思维的过程是获得这些结果的思维过程，数学方法实质上是数学思维活动的方法，包括数学的思想、观念、构建与发现数学的方法，数学证明方法及数学应用的方法。

数学思维除了具有明显的概括性、抽象性、逻辑性、精确性以及定量性外，还具有问题性、相似类比性、辩证性、想象与猜测性以及直觉、美感等特性。

数学思维不是一种孤立的心理活动，数学思维具有广阔性、深刻性、灵活性、批判性、独创性、敏捷性、突发性、价值性、跨越性、整合性等多种思维品质。

（二）数学思维的功能

数学思维的功能具体体现在计算与科技应用、数学思想方法、文化教育和数学教学几个方面。

计算与科技应用功能是指数学思维是由数学问题引起的，解决具体问题的思维活动的结果表现为具有特定的数学知识，形成某种数学技能，获得某种数学经验，这直接对人们的生产、工作、生活与科技活动起到验算的工具作用，以及包括逻辑的推理、运算、证明、构造等算法方面的应用，以进一步解决实际问题的功能，以及数学语言符号等带来的交流数学思想的功能。

数学思想方法功能是指数学思维活动给人们带来的较高层次的数学意识与数学观念，或者说形成一个数学头脑，掌握某些数学思维的方式与方法，形成数学思维的能力。

文化教育功能是指数学思维品质已经迁移到文化道德、思想修养、智育美育的素质范畴，超越了数学与数学思维活动本身的范围，深入数学思维活动升华的更高层次。

数学教学功能是指数学思维研究可以促进数学课程内容与数学教学方法的改革，它实际上包含以上三个功能中。

二、数学思维的基本形式

数学思维的基本形式也称数学思维的基本类型，是指用思维科学的范畴来分析数学思维活动的不同特征。

按思维活动的性质特征划分，数学思维的基本形式包括：数学抽象思维（弱抽象、强抽象、等置抽象、构象化抽象、公理化抽象、模式化抽象），数学逻辑思维（形式逻辑思维、数理逻辑思维、辩证逻辑思维），数学形象思维（数学表象、数学想象、几何思维、类几何思维），数学直觉思维（辨识直觉、关联直觉、审美直觉），数学猜想思维（类比猜想、归纳猜想、探索性猜想、仿造性猜想、审美性猜想），数学灵感思维（突发式灵感、诱发式灵感）。

（一）数学抽象思维

数学抽象思维是指抽取出同类事物的共同的本质属性或特征，舍弃其他非本质的属性或特征的思维形式。数学的抽象借助理性思维研究形式化的数学材料，而且抽象的层次（抽象度）可以不断升级。数学抽象的基本形式可划分为弱抽象、强抽象、等置抽象、形式化抽象、构象化抽象、公理化抽象、模式化抽象。

（1）弱抽象，即减弱数学结构的抽象。由它获得的数学对象（或概念）的外延扩大，而内涵缩小，也就是普通意义的抽象。

（2）强抽象，即把新特征引入原有数学结构加以强化形成的抽象。内涵扩大，而外延缩小，它们实际上是概念或关系的交叉结合而生成的新的数学对象。

（3）等置抽象是将彼此等价的各元素归为一类，视等价类为一个新元素而获得新集合的抽象方法，是弱抽象的一种特殊表现。

（4）形式化抽象是指用逻辑概念或表意的数学符号及其体系表达和界定数学对象的结构和规律。形式化思维是数学思维本质的一个重要侧面。形式化的目的是从现实世界的纷繁复杂的事物内容及其联系中抽取出纯粹的数量关系间接明了地加以表示，以便揭示各种事物的数学本质和规律性。构象化抽象、模式化抽象、公理化抽象是形式化抽象的不同层次的表现形式。

（5）构象化抽象是指由现实原型或思想材料加以弱化或强化，或者处于逻辑需要进行构造而得到的完全理想化的数学对象。数学概念都是在不同深度、不同层次上的构象化抽象。数学符号化抽象也是构象化抽象的一种表现形式。

（6）公理化抽象是完全理想化的抽象，其作用在于更换公理（或基本法则），以排除数学悖论，使整个数学理论体系恢复和谐统一。

（7）模式化抽象是对现实原型或数学模型本身进一步简化或一般化、精确化，从而从中分离出数学对象的关系、性质或规律的结构化抽象。

（二）数学逻辑思维

数学逻辑思维分为形式逻辑思维、数理逻辑思维、辩证逻辑思维，其基本形式是概念、判断、推理和证明。数学的特点是形式化、符号化、公式化。这些特点在数学思维中的反映首先是形式逻辑。形式逻辑的进一步发展即是数理逻辑和辩证逻辑，甚至于更广义的一些逻辑（如多值逻辑和模糊逻辑）。它们之间既有层次上的关系，又是相互包容的。

形式逻辑采用自然语言，比较复杂难懂，不易为人们掌握，且容易产生歧义。

数理逻辑是形式逻辑精确而完备的表达，也称符号逻辑，主要是用数学方法研究判断、推理和证明等思维规律的学科。

辩证逻辑则是从思维的运动、变化、发展的观点去研究思维，研究概念，判断、推理自身的矛盾运动和辩证思维的逻辑方法，如演绎与归纳、分析与综合、抽象与具体等，以及辩证思维规律，如具体同一律、能动转化律、相似类比律、周期发展律等。

（三）数学形象思维

数学形象思维是指用直观形象和表象解决数学问题的逻辑思维，其特点是形象性、非逻辑性、粗略性和想象性。数学形象思维对学生分析问题和解决问题的培养具有重要作用。数学形象思维的基本特点有形象性、非逻辑性、概括性、想象性。

形象性是数学形象思维最基本的特点。形象只是相对于一般人对对象认识而形成的一种感知，具有直观的特点。数学形象思维所反映的对象是事物的形象，思维形式是意象、直感、想象等，其表达的工具和手段是能为感官所感知的图形、图像、图式和形象性的符号。数学形象思维的形象性使它具有生动性、直观性和整体性的优点。

非逻辑性。数学形象思维不像抽象思维那样，对已知条件一步一步地进行严密的加工、推理，是一个很严谨的过程，任何一步都不能少或改变顺序，而是应用数学表象为材料，经过自由组合、分解而形成新的形象，或由一个形象跳跃到另一个形象。它对信息的加工过程不是很严谨，也不是顺序加工，而是平行加工，是根据表象的组合、分解变化出来的新形象。它可以使人脑迅速从整体上把握问题。数学形象思维需要不断地加以证明和在实践中检验。

概括性。数学形象思维对问题解决的反映是表面上的反映，是具有概括性的形象，对问题解决的把握是大体上的把握。数学形象思维活动过程只是对表象组合、分解、加工，是具有概括性的形象。同时，形象思维活动过程本身也是概括的，但这种概括是形象地进行的，它是一种形象性的理性认识、判别活动。但是人们在进行数学形象思维时常常离不开数学抽象思维，在实际的思维活动中，往往需要将数学抽象思维与形象思维巧妙结合、协同使用，才能更好、更快、更准确、更有效地解决问题。

想象性。数学想象是人脑运用已有的形象形成新形象的过程。数学形象思维并不满足于对已有形象的再现，它没有严格的规则，不受逻辑思维规则的约束，更致力于追求对已有形象的自由分解、组合、加工，而获得新形象关系、概念的输出。所以，想象性使数学形象思维具有变化性，需要数学抽象思维的修正、补充从而上升为创造性思维。

数学形象思维在问题解决中可表现为数学表象、数学直感、数学想象三个基本形态。

（1）数学表象。所谓表象是人们对所感知过的事物现象，以及在大脑中保存下来，此后眼前没有出现这种事物，但也会在大脑中回忆起这种事物原来的形式的反映。数学表象是通过事物的直观形体特征概括得到的观念性形象。

（2）数学直感。直感是人脑运用数学表象对具体形象的直接认识和判别。数学直感是在数学表象基础上对有关数学形象特征的判别，通常指由一个数学表象想到另外的数学表象的过程，并与在大脑中储存的各种数学表象联系在一起，从而唤起另一种新的数学表象，以揭示数学问题的内容及本质。数学直感是建立在丰富的数学表象的基础上的，只有当我们拥有丰富的数学表象时，才能引起丰富的直感。数学直感有着各种不同的形式，主要的有形象识别直感、模式补形直感、形象相似直感，其中后两种是复合直感。

形象识别直感是用数学表象这个类象所具有的特征去比较数学对象的个象和通过一系列的转化或整合得到的相似性结果表象是不是同质的象的思维活动。数学形象识别主要是对各种各样的几何图形、公式、图式变式情况下的认识，以及在重组、综合形式下的分解辨认。

模式补形直感是利用人们已在头脑中建构的数学表象模式，对具有部分特征相同的数学对象进行表象补形，实施整合的思维模式。这是一种由部分形象去判断整体形象，或由残缺形象补全整体形象的直感。人的头脑中的表象模式越丰富，面对数学问题所给的图形、图式时，补形能力越强。

形象相似直感是以形象识别直感和模式补形直感为基础的复合直感。当人脑进行形象识别时，往往在头脑中找不到同质的已有表象，也不能通过补形整合成已有的模型，这时人通常是在头脑中筛选出最接近于目标形象的已有表象或模式来进行形象识别。通过形象特征的同与异的比较，判别其相似的程度，从而通过适当的思维加工与改造，使新形象联结到原有表象系统的相应环节，构成相似链，在问题解决的过程中就表现为问题的变更和转化。

（3）数学想象。数学想象是对数学表象的特征进行推理、加工、改造，即对不同的数学表象进行分析、加工、分解、重组等多个复杂的交错的思考过程，然后生产新的复合数学表象的思维活动。它是数学表象与数学直感在人脑中的有机联结和组合。

想象思维的重要性在于它是创造性思维的重要成分，创造性是数学想象最显著的特点，不管是数学中的直觉还是灵感，没有数学想象是不可能完成的。根据是否有意识来划分，数学想象可分为有意想象和无意想象。有意想象是指学习者根据一定目标进行的自觉的想象。这种想象是有意识和有目的性的，数学学习过程中大多数都是有意想象。有意想象有许多形式，其中联想和猜想最为典型。联想和猜想是数学形象思维中想象思维推理中的不同表现形式，也是数学形象思维的重要方法。它们与想象的关系及规律可以从数学的特点、心理学与思维科学的有关规律等诸多方面相结合的角度来分析。无意想象是指没有目标，只有潜意识的想象。例如，在学习数学的过程中，很多时候都会遇见这样的情形，你在做一道题的时候，想了很久都没有做出来，只有放弃，但是很有可能在你做其他事情的时候又想起了解题方法。这种现象我们就称为无意想象。

数学想象有着各种不同的表现形式。第一，图形想象，它是以空间形象直感为基础的对数学图形表象的加工与改造，是对几何图形的形象建构，包括图形构想、图形表达、图形识别和图形推理四个层次。第二，图式想象，它是以数学直感为基础的对数学图式表象的加工和改造，是对数学图式进行的形象特征推理。图式想象可以分为四个不同的层次，即图式构想、图式表达、图式识别、图式推理。

数学形象思维的三种基本形态之间存在深刻的辩证关系，即数学表象和数学直感是数学想象的基本成分或材料。但是数学直感与数学想象互为表里、互相参透，数学想象是数学直感形象的过程，而数学直感又表现为数学想象的结果。

数学形象思维的层次可以分为几何思维和类几何思维。其中几何思维是指以日常的空间中的图形、图式为对象的直观思维，类几何思维则是借助几何空间关系进行理性构思而形成朦胧形象的思维。关于数学形象思维的层次，徐利治、徐本顺等认为还有更高的第三层次（数觉）及第四层次（数学观念的直觉）。

（四）数学直觉思维

数学直觉思维也称数觉（辨识直觉、关联直觉、审美直觉）。直觉思维就是指人们不受逻辑规则约束而直接领悟事物本质的一种思维方式。直觉思维是对思维对象从整体上考察，调动自己的全部知识经验，通过丰富的想象做出敏锐而迅速的假设、猜想或判断，它省去了一步一步分析推理的中间环节，而采取了跳跃式的形式。

数学直觉思维的表现形式是以人们已有的知识、经验和技能为基础，通过观察、联想、类比、归纳、猜测之后对所研究的事物做出一种比较迅速的直接的综合判断，它不受固定的逻辑约束，以潜逻辑的形式进行。关于数学直觉思维的研究，目前比较统一的看法是认为存在着两种不同的表现形式，即数学直觉和数学灵感。这两者的共同点是它们都能以高度省略、简化和浓缩的方式洞察数学关系，能在一瞬间解决有关数学问题。

数学直觉思维具有个体经验性、突发性、偶然性、果断性、创造性、迅速性、自由性、直观性、自发性、不可靠性等特点。数学直觉思维的特征重点表现在三个方面：直观性、创造性、自信力。直观性：数学直觉思维活动在时间上表现为快速性，即它有时是在一刹那间完成的。在过程上表现为跳跃性，在形式上表现为简约性，简约美体现了数学的本质。直觉思维是一瞬间的思维火花，是基于长期积累的一种升华，是思维者的灵感和顿悟，是思维过程的高度简化。创造性：直觉思维是基于研究对象整体上的把握，不专注于对细节的推敲，是思维的大手笔。正是由于思维的无意识性，它的想象才是丰富的、发散的，使人的认知结构向外扩展，因而具有反常规律的独创性。许多重大的发现都基于数学直觉。自信力：数学直觉思维能力的提高有利于增强学生的自信心。从马斯洛的需要层次来看，它使学生的自我价值得以充分实现，也就是最高层次的需要得以实现，比起其他的物质奖励和情感激励，这种自信更稳定、更持久。布鲁纳认为学习的最好刺激是对教学材料的兴趣。如果一个问题不用通过逻辑证明而是通过自己的直觉获得的，那么这种成功带给他的震撼是巨大的，其内心将会产生一种强大的学习钻研动力。

（五）数学猜想思维

猜想是对研究的对象或问题进行观察、实验、分析、比较、联想、类比、归纳等，依据已有的材料和知识做出符合一定的经验与事实的推测性想象的思维形式。猜想是一种合情推理，属于综合程度较高的带有一定直觉性的高级认识过程。对于数学研究或者发现学习来说，猜想方法是一种重要的基本思维方法。

数学猜想是在数学证明之前构想数学命题的思维过程。构想或推测的思维活动的本质是一种创造性的形象特征推理，即猜想的形成是对研究的对象或问题联系已有知识与经验进行形象的分解、选择、加工、改造的整合过程。数学猜想的一些主要形式有类比性猜想、归纳性猜想、探索性猜想、仿造性猜想、审美性猜想等。

类比性猜想是指运用类比方法，通过比较对象或问题的相似性——部分相同或整体类似，得出数学新命题或新方法的猜想。类比猜想的思维方法极其丰富，如形象类比、形式类比、实质类比、特性类比、相似类比、关系类比、方法类比、有限与无限的类比、个别到一般的类比、低维到高维（平面到空间等）的类比等。

归纳性猜想是指运用不完全归纳法，对研究对象或问题从一定数量的个例、特例进行观察、分析，从而得出有关命题的形式、结论或方法的猜想。

探索性猜想是指运用尝试探索法，依据已有知识和经验，对研究的对象或问题做出的逼近结论的方向性或局部性的猜想。也可对数学问题变换条件，或者做出分解，进行逐级猜想。探索性猜想是一种需要按照探索分析的深入程度加以修改而逐步增强其可靠性或合理性的猜想。

仿造性猜想是指由于受到物理学、生物学或其他科学中有关的客观事物、模型或方法的启示，依据它们与数学对象或问题之间的相似性做出的有关数学规律或方法的猜想。

审美性猜想是运用数学美的思想——简单美、对称美、相似美、和谐美、奇异美等，对研究的对象或问题结合已有知识与经验通过直观想象与审美直觉，或逆向思维与悖向思维所做出的猜想。

（六）数学灵感思维

灵感（或顿悟）是直觉思维的另一种形式，表现为人们对长期探索而未能解决的问题的一种突然性领悟，也就是对问题百思不得其解时的一种茅塞顿开，是显意识与潜意识的忽然接通。其特征为突发性、偶然性、模糊性、非逻辑性等。

突发性是指灵感是在对问题苦思冥想之后，在出其不意的状态下突然发生，灵感出现得迅速，过程短暂。

偶然性是指灵感的出现常常受到偶发信息的启发或者精神状态的调节，事先难以预料。

模糊性是指灵感的闪动是潜意识加工的结果跃入脑际，隐隐约约，稍纵即逝，给出的信息往往带有轮廓性、模糊性。

非逻辑性指灵感思维不受已有理论框架和逻辑规则的束缚，常常表现出创造性。

数学灵感思维分突发式灵感思维和诱发式灵感思维。

三、基本的数学思维方式与数学问题解决的思维策略

思维方式是内化于人脑中的世界观和方法论的理性认识方式，是体现一定思维方法和一定思维内容的思维模式。数学思维方式是指数学思维过程中主体进行数学思维活动的相对定型、相对稳定的思维样式。

解决数学问题是一种数学能力，是数学思维的一类基本过程。数学思维策略是指在解决数学问题、发现数学知识的过程中所采取的总体思路，是带有原则性的思想方法，是主体接触问题或目标后的思维决策选择，也是对数学思维方式运用的原则的概括。它既能指引思维方式的灵活运用，又能统率各种具体的解题方法与技巧。

（一）基本的数学思维方式

基本的数学思维方式分为三组，共 16 种。

（1）第一组是重大的数学思维方式，体现了数学科学的四大特点，即内容的抽象性、应用的广泛性、推理的严密性和结论的明确性，既是数学科学本身发生、发展过程的思维概括，也是重大的数学思维方法。主要包括数与符号思维方式、形式推理方式、公理结构思维方式和数学模型思维方式。

数与符号思维方式是数学中最原始、最重要、最根本的思维方式。包括数的意识、量的观念、抽象意识、字母代数、符号思维、数学语言、数学表示的重要的数学思想方法等。

形式推理方式是体现数学本质特征的重大思维方式，包括形式化思想、数学表示方法、逻辑方法、推理方法、证明方法以及数理逻辑方法等。广义的形式化包括自然语言的数学化，数学语言的符号化，符号语言的公式化、系统化、演绎化等层次不断提高的若干个阶段。

公理结构思维方式是与数学推理思维方式同生共长的重要的数学思维方式。涵盖公理化思想、严谨意识、集合与对应思想、结构思想以及同构方法与不变量等重要思想方法。

数学模型思维方式是包括古典的、传统的或现代的全部数学在内，贯穿在数学科学发展全过程及数学各分支学科的最根本的思维方式之一。数学模型思维是一种包含数学应用意识、抽象简化意识、计算模拟方法、实践检验原则等思维方法的精确定量思维。

（2）第二组体现了基础数学、应用数学和计算机数学三大部分及其分支学科中的基本的重要的数学观念、数学思想与数学方法。包括变量函数思维方式、空间想象思维方式、无穷分析思维方式、概率统计思维方式、系统优化思维方式和计算逼近思维方式。

变量函数思维方式是近代数学发展和应用中的一个基本思维方式，蕴含函数方程思想、数形结合思想、等价转化思想、解析法、参数法等主要思维方法。

空间想象思维方式是数学思维最基本的方式之一，包括几何关系与空间观念两个互相联系又互相渗透的不同侧面，并且由经验直观逐步发展至理性想象，由几何思维上升到拓扑思维。包括几何直觉与直观思维、空间观念与空间想象、几何方法与坐标方法、变换方

法以及图论、拓扑等重要思想方法。

无穷分析思维方式是指人们认识客观世界的数量关系与空间形式时形成的关于有限与无限、无穷小与无穷大、无穷远与无限多等的观念和方法，是与变量思维以及空间思维密切相关的辩证思维方式。包含极限思想、辩证转化思想、一一对应方法、无穷分割与无限逼近方法（即微积分方法）以及非标准分析法等动态思维的思想与方法。

概率统计思维方式是利用数理统计的数学工具分析随机过程或现象的规律，判断某种情况出现的可靠性程度、可能性大小以及判断偶然性现象是否出现等。概率统计思维方式以及模糊数学方法等是精确数学定量思维方式的延伸和补充，是数学思维中不可或缺的基本方式。

系统优化思维方式存在于数学研究、数学应用以及数学问题的各个方面。数学科学知识是一个大系统，各分支学科又有各自的系统，用一定的思想或逻辑顺序将它们整理贯穿并加以发展就是一种系统优化思维。

计算逼近思维方式包含数论方法、微积分方法、计算方法、近似方法、计算机方法及无限逼近、逐次逼近、最优剖分等重要思想方法，逼近思想是计算方法的核心。

（3）第三组数学思维方式特别适用于数学问题的解决（包括提出问题、分析问题、解决问题和推广引申问题），具有深刻的辩证思维本质和一般的方法论意义。包括化归映射思维方式、相似类比思维方式、探索归纳思维方式、模式构造思维方式、反例反驳思维方式、数觉审美思维方式。

化归映射思维方式。化归即转化，将要解决的问题变形，使其归结为另一个已能解决的问题，再返回求得原问题的解答，是数学问题解决中最一般的原则。一般化、特殊化、典型化、有向化、退化、递归化、极端化、具体化、模型化、简单化、熟悉化、分割或补形转化、数形转化、等价转化、消元、降次、降维、微分方程化为代数方程、曲化直、无限化为有限、离散化为连续、变量化为常量、随机化为确定、函数化为方程等均含有化归思想。其目的是化难为易、化生为熟、化繁为简、化隐为显，即化未知为已知。映射指的是"关系映射反演方法"（徐利治），实际就是化归原则的数学化与形式化。

相似类比思维方式是对数学问题之间以及问题本身的条件与结论之间的同与异这个矛盾的分析与转换，是对类似的程度进行比较，再寻求突破以使问题解决的思想方法。

探索归纳思维方式是把探索与归纳联结起来作为一种基本的数学思维方式。归纳法是探索性思维的最根本方法之一。探索与归纳联结起来使归纳思想的范围更为广泛，思想深度也更加明朗。探索归纳思维方式包括直观归纳（通过观察）、经验归纳（通过思想实验或模型检验等进行不完全归纳）、完全归纳及无穷归纳（即数学归纳法等）等。

模式构造思维方式。数学是关于模式和秩序的科学，认为"存在必须是被构造"，即能直觉到数学对象的存在，其实现可由有限步的程序算法来获得，这种思维方式即为模式构造性思维。

反例反驳思维方式。数学由两个大类——证明和反例组成，数学发现的两个主要的目标也是提出证明和构造反例。反例反驳思维方式是数学猜想、数学证明、数学解题时的一种补充和思维的工具。

数觉审美思维方式是指运用数学直觉审美来考察数学对象及其关系，解决数学问题。

（二）数学问题解决的思维策略

常用的解决数学问题的思维策略有模式识别、变换映射、差异消减、数形结合、进退互用、分合相辅、动静转换、正反沟通、引辅增设、以美启真等。

模式识别是指认识元素之间的关系，建立事物的模式，并进而形成思维的模式。模式识别的过程就是把要解决的问题比照以前已经解决过的问题，设法将新问题的分析研究纳入已有的认知结构或模式中来，把陌生的问题通过适当的变更，划归为熟悉的问题加以解决，因此模式识别的策略即是化生为熟的策略。

变换映射。变换是映射的一种常见形式，是数学中某一领域内部的一种映射，是将复杂问题转化为简单问题、较难问题转化为较易问题的精确等价的数学化归。数学中的换元法、代换法、几何变换法、递推法、母函数法以及解方程中的消元、降次方法等就体现了变换映射策略。

差异消减是在解决数学问题时分析问题的条件，整合这些条件以后找出其与结论的差异有哪些，设法逐步消减这些差异以得到结论。有从条件出发推出某些关系或性质去逼近结论的顺推法，或由结论去寻找使它成立的充分条件，直至追溯到已知事项的逆求法。将两者有机结合是解决问题的最有效和简捷的方法。

数形结合是指数（或式）与形之间的相互结合与迁移、转化。其表现形态主要有由形结构迁移至式结构、由式结构迁移至形结构、由式结构迁移至部分式结构、由形结构迁移至部分形结构。

进退互用。数学归纳、经验归纳、类比、递推、降维、放缩等解题方法就是进退互用策略的应用。

分合相辅是指化一为多、以分求合，即将问题化为较小的易于解决的小问题，再通过相加或合成，使原问题在整体上得到解决；或把求解问题纳入较大的合成问题中寓分于合、以合求分，解决原问题。其主要表现形式为综合与单一的分合，整体与部分的分合，无限与有限的分合等。数学中微积分方法的思想就是思维中的一与多、分与合、有限与无限及离散与连续的辩证关系的体现。

动静转换指在处理数学问题时用动的观点来处理静的数量和形态，即以动求静；或用静的方法来处理运动过程和事物，即以静求动。例如，数学中的变换法、局部固定法、几何作图中的轨迹相交法等。

正反沟通指善于利用正向思维和逆向思维。

引辅增设指适当引入辅助参数、辅助函数或增加辅助线（图形）以解决数学问题。

以美启真指用美的思想去开启数学真理，用美的方法去发现数学规律、解决数学问题。

四、大学数学中重要的思维模式

数学思维模式的形成与运用是数学思维的另一类基本过程。数学模式是反映特定的数学问题或对象系统的关系结构；数学思维模式是指主体在数学思维活动中形成的相对稳定的思维样式。数学思维模式的运用就是主体对数学知识结构，即数学模式的识别，是认识数学内容的思维程序和方式。它来源于主体已有的数学知识和经验，并且在数学学习过程和思维模式的运用过程中不断得到丰富和发展。

大学数学中重要的思维模式主要有逼近模式、叠加模式、变换模式、映射模式、函数模式、交轨模式、退化模式递归模式等。

（一）逼近模式

逼近模式是朝着目标推移前进，逐步沟通条件与结论之间的联系，进而使问题解决的思维方式。其思维程序是：

（1）把问题归结为条件与结论之间的因果关系的演绎；

（2）选择适当的方向逐步逼近目标。

逼近模式有正向逼近（顺推演绎法）、逆向逼近（逆求分析法）、双向逼近、无穷逼近（极限法）等。

（二）叠加模式

叠加模式是运用化整为零、以分求合的思想对问题进行横向分解或纵向分层，实施各个击破而使问题获解的思维方式。其思维程序是：

（1）把问题归结为若干种并列情形的总和或者插入有关的环节构成一组小问题；

（2）处理各种特殊情形或解决各个小问题，将它们适当组合（叠加）而得到问题的一般解。

上述意义下的叠加是广义的，可以从对特殊情形的叠加得到一般解，也可以分别解决子问题，将结果叠加得到问题的解；可以在条件与结论中间设立若干中间点构成小目标，把原问题分解成一串子问题，使前面问题的解决为后面问题的解决服务，将结果叠加的问题的解；也可以引进中间的媒介或辅助元素以达到解决问题的目的。

（三）变换模式

变换模式是通过适当变更问题的表达形式使其由难化易、由繁化简，从而最终解决问题的思维方式。其思维程序是：

（1）选择适当的变换，等价的或不等价的（加上约束条件），以改变问题的表达形式。

（2）连续进行有关变换，注意整个过程的可控性和变换的技巧，直至达到目标。

变换模式是一种变更问题的方法。通过适当变更问题的表达形式使其由难化易，由繁化简，从而最终解决问题。变换模式有等价变换和不等价变换。

所谓等价变换是指把原问题变更为新问题，使两者的答案完全相同，即两种形式互为充要条件。高等数学求极限方法中的等价无穷小替换、洛必达法则，求积分的换元法、分部积分法等都是等价变换。等价变换的特殊形态是恒等变换，包括数与式的恒等变形，利用泰勒公式求极限就是恒等变换。线性代数中求解线性方程（组）运用的是方程的通解变形，也是一种等价变换。

不等价变换则是指新问题扩大或缩小了原问题的允许范围，如施行了某种运算（乘方、开方、取对数等），形式地套用了某些法则，增加、减少了命题的条件，加强或减弱了命题的结论等都可能产生不等价的结果。例如，高等数学中利用对数求导法求导数有时候就是不等价变换，求解二阶常系数线性齐次微分方程时将微分方程化成了代数方程也是不等价变换。

（四）映射模式

映射模式是把问题从本领域（或关系系统）映射到另一领域，在另一领域中获解后再反演回原领域使问题解决的思维方式。它与变换模式在本质上是一致的，但变换通常是从一个数学集合到它自身的映射。它的思维程序是：关系映射—定映—反演—得解。

较具体的一些映射模式有几何法、复数法、向量法、模拟法等。

（五）函数模式

函数模式是通过建立函数来确定数学关系或解决数学问题的思维方式。它是沟通已知元素与未知元素之间的辩证联系的一种基本方法，其思维程序是：

（1）把问题归结为确定的一个或几个未知量；

（2）列出已知量与未知量之间按照所给条件必须成立的所有关系式（即函数）；

（3）利用函数的性质得出结果。

（六）交轨模式

交轨模式是通过分离问题的条件以形成满足每个条件的未知元素的轨迹（或集合），再通过叠加来确定未知元素而使问题解决的思维方式。它与函数模式有部分相通的地方，其思维程序是：

（1）把问题归结为确定一个"点"——一个或几个未知元素，或一个几何点，或一个解析点，或某个式子的值，或某种量的关系等；

（2）把问题条件分离成几个部分，使每一部分都能确定所求"点"的一个轨迹（或集合）。

（3）用轨迹（或集合）的交确定所求的"点"或未知元素，并由此得出问题的解。

（七）退化模式

退化模式是运用联系转化的思想，将问题按适当方向后退到能看清关系或悟出解法的地步，再以退求进来达到问题结论的思维方式，其思维程序是：

（1）将问题从整体或局部上后退，化为较易解决的简化问题、类比问题或特殊情形、极端情形等，而保持转化回原问题的联系通途。

（2）用解决退化问题或情形的思维方法，经过适当变换以解决原问题。

退化模式有降次法、类比法、特殊化法、极端化法等。

（八）递归模式

递归模式是通过确立序列相邻各项之间的一般关系以及初始值来确定通项或整个序列的思维方式。它适用于定义在自然数集上的一类函数，是解决数学问题的一种重要逻辑模式，在计算机科学中有着重要的应用，其思维程序是：

（1）得出序列的第一项或前几项；

（2）找到一个或几个关系式，使序列的一般项和与它相邻的前若干项联系起来；

（3）利用上面得到的关系式或通过变换求出更为基本的关系式（如等差、等比关系等），递推地求出序列的一般项或所有项。

第五节　数学审美与数学精神

美是事物可被人们的直觉所认识的感性形式的一种性质，这种性质表现出了人的意志、智慧、才能和创造的力量，表现出了对未来的渴望和理想，因而使人们感到喜悦。美感是人们对美的事物的一种反映。美具有形象性，美感具有直觉性，两者是相对应的。

审美教育（简称美育）是施教者按照一定时代的审美意识（审美观念、审美趣味、审美理想），借助各种各样的审美媒介（美的事物，也包括美的艺术），向受教者施加审美影响，愉悦他们的性情，从而达到陶冶、塑造性情和心灵的目的。

数学中有奇异的数、对称的形，这些都是不争的事实。古今中外哲学家、数学家对此也有高论。古希腊哲学家亚里士多德认为数学"显然没有明显地提到善和美，但善和美也不能和数学分离。因为美的形式就是秩序、匀称和确定性，这些就是数学所研究的原则。所以数学和美不是没有关系的"。美国数学家霍姆斯直接把数学看成艺术："数学是创造的艺术，因为数学家创造了新概念；数学是创造的艺术，因为数学家像艺术家一样地生活，一样地工作，一样地思考；数学是创造的艺术，因为数学家这样对待它。"著名数学家罗素说："数学，如果正确地看它，不但拥有真理，而且也有至高的美，正像雕刻的美，是一种冷而严肃的美，这种美不是投合我们天性的微弱的方面，这种美没有绘画或音乐的那些华丽的装饰，它可以纯净到崇高的地步，能够达到严格的只有最伟大的艺术家才能显示的那种完满的境地。"罗素不但认为数学中存在美，而且描述了这种数学中的美。美籍华裔数学家王浩在《从数学到哲学》一书中写道：数学给人印象最深的特征是：（1）确定性；（2）抽象性和严格性；（3）应用的广泛性；（4）幽美性。也就是说，数学具有美学性，这也肯定了数学中美的存在。

一、美学理论与数学教育

（一）美学理论对数学教育的关注

当代美国美学家弗朗西斯·科瓦奇就古代哲学家所涉及的各种"美"列了两张表，其中一张把美分为理想美、现实美两类，理想美又分为可想象的美（算术的美、几何学的美）、可思考的美（思想形式的美、思想内容的美或真理的美）。我们从中可以得出，古代的哲学家已经开始研究数学的美、思想的美了。现当代实验美学家的研究也对数学美育有启示。例如，蔡沁于1854年提出"黄金分割律"，当代实验美学家瓦伦丁通过实验认为"在线条中所暗示的运动可以使人愉快，这是完全可能的"。基于一些实验，美国实验美学家柏克霍夫得出一个公式：$M=O/C$，其中 M 是审美感受的程度，C 是审美对象的复杂程度，O 是审美对象的品级。这个公式表明审美感觉能力与品级成正比，与复杂性成反比。他认为，该公式适合任何对象。数学中有大量的图形，组成图形的基本要素是点、线、面，图形又有不同的复杂程度，图形中的某些线可能使人感到愉快。如果我们能够分清这些图形的品级、复杂程度，就可以使数学内容成为审美对象，从而使对学生进行美育成为可能。《审美教育学》《美育学原理》等专著也都涉及了数学美育，这说明数学教学正在被美育界所关注。

（二）数学教育理论对美育的关注

阿达玛的著作《数学领域里的发明心理学》中有一个重要的观点：发明就是选择，选择是被科学的美感所控制的。数学发明经历了准备、酝酿、顿悟、整理阶段，最关键的顿悟阶段与数学美直接相连。这就为数学美育立足于数学教育提供了数学心理学的基础。培养数学的创造性永远是数学教育的教学目标之一，而数学美育对此是可以有所作为的。另外，他在证明题目"素数有无穷多个"的过程中的心理意象可能与形象思维有联系，从而与数学美育联系起来。B.A. 奥加涅相认为数学的本质为培养学生具有美感（应当广义地理解这个词）提供了极大的可能性。数学对象的性质，如对称性、正多边形的性质、图形的尺寸比例等，可以用来激发学生天赋的美感。而教师的责任就是在适当的地方提醒学生注意。在解答一个问题时所谓巧妙的解法，以及学生在学习数学的过程中（特别是解答习题的过程中）所表现的创造性，从美育的角度看，也是很重要的。如果教师鼓励学生努力寻求问题的新奇和合理的解法，经常对学生找到的解法给予美学的评价，那么几乎每一个学生都能学会解题。他认为用数学来对学生进行美育是可能的，并从学生的创造性解题和教师对学生解题审美评价两条途径来实施美育。这些见解为我们研究和实施数学美育提供了参考。

国内数学教育界，主要是以著名数学教育家徐利治为代表的一批研究者，也热心于数学美育的研究，这说明数学教育理论是关注数学美育的。

二、数学的美学性

数学发展中蕴含着美学理论的要素。可从两方面把握数学发展过程：一是数学创造，二是数学整理活动。从数学创造和数学整理活动两方面来看，可知数学发展中蕴含着美学理论的要素。

（一）数学创造具有美学性

数学家阿达玛认为发明就是选择，选择是被科学的美感所控制的。在数学发明经历的四个阶段：准备、酝酿、顿悟、整理中，最关键的顿悟阶段与数学美感直接相连，因为顿悟是直觉的过程，而数学美感和其他美感一样是通过直觉体验到的，所以数学美感的产生与顿悟是统一的，数学美感控制了顿悟的方向。故数学创造具有直觉性的特点，而直觉性是美感的特点，所以数学创造中蕴含着美学理论的要素。

（二）数学整理活动也具有美学性

构建数学的一般方法——公理化方法与结构方法。

所谓公理化方法是让该门学科的某些概念以及与之有关的某些关系作为不加定义的原始概念与公设或公理，而以后的全部概念及其性质要求由原始概念与公设或公理经过精确定义与逻辑推理的方法演绎出来。这是一种从尽可能少的一组原始概念和公设或公理出发，运用逻辑推理原则建立科学体系的方法。作为局部整理公理化方法具有美学性，选择的公理组要具有无矛盾性、独立性、完备性。这正体现了数学美中的和谐美，所以从这方面看公理化方法具有美学性。如果从仅由原始概念和公设或公理出发通过正确的逻辑推理推出全部其他性质来看，它确实给人以逻辑推理之美感。

综上所述，公理化方法具有美学性。

从整体来整理数学的结构方法也具有美学性。布尔巴基学派首先通过抽象分析法建立了三种基本结构，也称母结构（代数结构、序结构和拓扑结构），然后以这三个母结构为基础，按照结构之间的"不同"关系，交叉产生新结构，从而使得数学由一个分支转移到另一分支结构，有层次地一直延伸下去形成整个数学。数学的发展呈现出勃勃生机，并一直延伸下去。

审美需要想象。想象一下这个过程，母结构就像树的根基，整个数学就像一棵枝繁叶茂的大树。

一位美学家说过，美是一切事物生存和发展的本质特征，美也是数学发展的本质特征。在这个蓬勃发展的过程中，显示了数学美。

三、数学美与数学美育

（一）数学美的界定

关于数学美的议论较多，如著名数学教育家徐利治先生认为，作为科学语言的数学，具有一般语言文学与艺术所共有的美的特点，即数学在其内容结构和方法上也都具有自身的某种美，即所谓数学美。数学美的含义是丰富的，如数学概念的简单性、统一性，结构系统的协调性、对称性，数学命题与数学模型的概括性、典型性和普遍性，还有数学中的奇异性等都是数学美的具体内容。

从数学美育的角度来讲，首先要强调数学美的社会性，即数学美不仅仅体现在和谐性、简单性、奇异性方面，还体现在数学家的创造性劳动方面，数学美也打上了数学家自由创造的印记，如杨辉三角、哈密顿四元数。因为展示数学美的创造过程就是展示数学家聪明才智的过程，当数学美与人的创造活动紧密相连时，数学美是可以给人以震撼的，只有这样数学美育才能有成效。而要体现人的创造活动就必须强调数学美的社会性。教学美是一种社会美，是在教学实践中形成的，与教学中的其他种类的美紧密联系。其内容包括教学过程的美、教学内容的美、教学环境的美、教师和学生劳动形态的美。

在数学美育中，数学美与教学美的关系是：体现数学美是体现教学美的基础。因为体现数学美是在数学内容教学中实现的，内容教学是整个教学的基础，所以体现数学美是体现教学美的基础。

（二）数学美育的界定

数学美育是美育的一个分支，因为要在以抽象性、逻辑性为特点的数学教学中实施美育，所以它就有了自己独特的内涵。数学美育就是借助数学教学特别是数学美作为审美媒介所进行的美育。它是数学教育的有机组成部分，完全融合于数学教育之中而不是独立于数学教育之外；它是指向数学教育目标，并最大限度实现它的一种教育；它不同于艺术教育，因为艺术教育是凭借优秀的艺术作品作为审美媒介的美育，而数学与数学教学不是艺术作品，两者的审美媒介不同；它不是一种教学法，因为教学法只适用一些具体内容，而数学美育适用整个数学教学，两者的适用范围不同。

四、数学美育的历史考察

数学研究是数学教学的先导，如数学研究的思想方法变成数学教学的内容，数学研究的一些成果也被加工成数学教学的内容。数学研究的美学性反映在数学教学中，就是数学美育的先导。

（一）古希腊数学研究的美学性

黑格尔在《历史哲学》中曾指出，希腊精神具有两大特征：一是构成希腊性格中心的美的个性；二是那种追求真理、酷爱独立、自由的性格。这种精神体现在数学研究中就是数学研究的美学性。通过对古希腊数学发展史的研究，数学研究的美学性大致可分为四个阶段：

神秘与领悟阶段、冲突阶段、内化阶段、流传阶段。

神秘与领悟阶段主要由毕达哥拉斯学派完成。毕达哥拉斯学派的具体工作体现在以下几个方面：

第一，在对数的分类上，他们把数分为三角形数、正方形数、多角形数，并用点把它们排列起来，看起来具有某种和谐结构的美感。这种很初级的行动表明他们对数学研究的看法，以及对数学研究的美学性的坚持。

第二，选择研究内容时坚持美学的标准。例如，研究比例时选择了具有美学意义的比例，如完全比例 A：G=G：H（A 是算术平均数，G 是几何平均数是调和平均数），音乐比例 p：（p+q）/2=2pq（p+q）研究天文学与数学的联系时，提出了"诸天音乐"的概念，开普勒正是受之启示而发现了行星运动第三定律。

第三，对待"破坏"数学美的人痛恨至极，如西帕索斯发现不可公度比，这与任何两个量都能表示成整数比相违背，破坏了美，所以对他处以极刑。这从另一方面反映了毕达哥拉斯学派坚持美学性的鲜明而又神秘的态度。

第四，在数学问题的证明上坚持一切数学结果都必须根据明确规定的公理用演绎法证明，简单明了，体现了他们对简单美与和谐美的追求。

第五，毕达哥拉斯认为数学应研究抽象概念，这才真正悟出了数学研究的真谛，才把数学研究引上正确的道路，而这一认识的得出与数学研究的美学性直接相关。

综上所述，毕达哥拉斯学派完成了将数学研究从神秘性到美学性的转变，为后来的其他阶段做了必要的铺垫。

冲突阶段：毕达哥拉斯所坚持的数学研究的美学性后来被其信徒柏拉图所继承，M. 克莱因评价柏拉图时说："值得指出的是，公元前四世纪时几乎所有重要的数学工作都是柏拉图的朋友和学生搞的，柏拉图本人则似乎更关心把已有的数学知识加以改进并使之完美。"柏拉图对当时两位数学家欧多克索斯（Eudoxus）和阿契塔（Ar-chytas）（后者曾教过柏拉图）用机械工具来巧妙说明几何真理大加谴责。他认为他们回复到感性而不顾纯理智的抽象对象，使数学研究没有了美学性。斗争的结果是柏拉图学派取胜，从而使数学和机械学分了家。而数学家欧多克索斯，关于比例新理论的目的是"避免把无理数当作数"，显然是为了维护毕达哥拉斯数学研究的美学性。柏拉图的学生亚里士多德则更坚定，因为他不愿把数学与美学分开。这一阶段明显的特点是毕达哥拉斯学派数学研究的美学性在斗争中占上风，其他学派则处于劣势地位。

内化阶段：经过了斗争阶段之后，毕达哥拉斯数学研究的美学性进入了内化阶段。这一阶段的三个代表人物是亚历山大里亚时期的数学家欧几里得、阿波罗尼奥斯、阿基米德。欧几里得的《几何原本》从众多的数学事实中选择特定的作为公理、公设，然后推出其他定理，堪称数学研究美学性之典范。欧几里得没有直接谈论数学美，而他的工作却真切地体现了数学研究的美学性。阿波罗尼奥斯的主要贡献是《圆锥曲线》，他是第一个依据同一个（正的或斜的）圆锥的截面来研究圆锥曲线的人，超越并完善了奈克穆斯的工作，这在当时这种知识很少应用于实际的情况下，可以认为是纯粹为了美学上的考虑使然。M.克莱因对这本书的评价是：这本书写作巧妙、灵活，这确实可以看成是古希腊几何的登峰造极之作。的确，他的作品体现了数学的和谐美，反映了他对研究数学美学性的坚持。亚里士多德是亚历山大里亚时期数学研究的代表人物，他才智高超，具有非凡机械技巧，他用穷竭法求面积和体积、计算周长等数学工作，表现了数学方法之美。

综上所述，经过了斗争阶段，随着数学的发展，数学研究的美学性已经内化到数学研究者的观念中，表现在其成果之中。而成果的取得与数学研究的美学性直接相关，从而使这种观念进入了流传阶段。

流传阶段：这一阶段主要是通过一本叫《算术入门》的书而得以实现的，著者是尼科马霍斯，这本书在此后一千年间成为一本标准课本，可见其影响。

总之，神秘性是在探求自然的过程中形成的，数学研究的美学性发端于神秘性。从其发展过程讲，经历了四个阶段；从其对数学发展的影响来讲，古希腊大多数重要成果的取得都与数学研究的美学性直接相关，如《几何原本 M 圆锥曲线》等。但是同时，数学研究的美学性也使希腊人的思想自由受到限制，如不承认无理数、与极限法失之交臂等。总体说来，坚持数学研究的美学性取得的成就巨大，相比之下的缺陷是可以理解的，因为人们的认识不是一次完成的。

（二）中国古代数学研究的美学性

（1）存在性讨论。

中国古代数学研究是否存在美学性呢？回答是肯定的。首先，如上所述，与古希腊一样存在美学性的萌芽；其次，某些数学方法具有美学性，如刘徽的割圆术、秦九韶的大衍求一术、赵爽的勾股定理巧证、祖冲之计算圆周率的方法等；最后，某些数学结构具有美学性，如贾宪-杨辉三角、数码方阵、朱世杰的高阶等差数列，以及杨辉的《详解九章算术》，图文并茂，并有许多歌诀，带有明显的美育特点等。这些成果的取得与数学研究的美学性是紧密联系的，如果没有用美学的眼光来审视其数学研究，那么这些成果的取得是难以理解的。

（2）数学研究神秘性的影响限制了美学性的成长。

《周易》是中国古代早期的重要论著，充满了神秘色彩。南宋秦九韶在所著的《数书九章》中宣称其创立的大衍求一术来源于《周易》；北宋的贾宪为其书取名为《黄帝九章》；明代的程大位在他的《算法统宗》一书的卷首就直称河图洛书是数学的本原，同时还绘了臆想的"龙马负图"的画图，这些都说明数学研究神秘性的影响比较广泛。

如上所述，美学性发端于神秘性，早期的数学研究的美学性与神秘性是一体化的，直到清代神秘性的影响仍在继续，数学研究突破不了神秘性的限制。而美学性要成长就必须突破神秘性的限制，所以，神秘性的广泛影响限制了美学性的成长。

（3）数学研究实用性的主导地位决定了美学性地位的无足轻重。

中国古代数学研究的实用性之主导地位可从汉唐时期的主要数学成就"算经十书"中得到反映。其中《九章算术》是内容最丰富、影响最大的一本，这本书是古代数学的经典和范本，后来的著作大都采用它的编写体例。但是实用性与审美性始终是一个矛盾，当实用性长期处于矛盾的主要方面时，美学性的地位只能是无足轻重的。

（4）理论体系不具有构造性反映了整体研究上没有美学性。

所谓数学内容的构造性，包含两层意思：一是研究对象可以通过数学手段构造出来；二是解题（或证题）步骤形成一个完整结构，各部分之间有密切的逻辑联系，因此具有自身发展的动力。中国算学经典《九章算术》中九章内容基本平行，颠倒各章顺序对整个体系没有多大影响，即整体上无逻辑性，不具有构造性。美学理论认为美的事物是生长着的，所以构造性是美学性的基础。中国古代数学从整体上不具有构造性，这就失去了美学性的基础。因此，其理论体系不具有美学性，这反映了其整体研究上不具有美学性。

（5）中国古代数学研究美学性的特色。

中国古代数学研究具有自己的特色，用诗歌的形式来表述数学内容，如程大位把"孙子问题"编成诗歌，称之为"孙子歌"；用韵文口诀表述算法，如珠算口诀，朗朗上口。把数学与诗歌韵文巧妙结合起来，增加了数学的趣味性，体现了数学研究的美学性，也有利于数学的教育与传播。但由于这些书大都是对数学内容的再加工，并没有数学上的创新，所以对数学本身发展意义不太大。

总之，中国古代数学研究具有美学性，但其神秘性、实用性抑制了美学性的发展，导致了数学研究对美学性关注不够。

（三）中国和希腊古代数学研究美学性的简单比较

中国和希腊古代数学研究的美学性都发端于神秘性，在具体内容上的美学性反映了数学研究的美学性，这是两者的相同点。古希腊数学研究整体上具有美学性，中国则没有；

古希腊数学研究的美学性是内在的，中国则有外在的；古希腊数学研究的美学性已经形成传统，中国则是神秘性影响久远。以上是两者的不同点。

五、数学美育简史

（一）中国和希腊古代数学史中的数学美育

数学研究的美学性是数学美育的基础，因为数学美育的实施离不开教材，而教材是由数学内容经过加工而得来的，教材无疑要打上数学内容和数学研究的方法的烙印。《几何原本》与《算术入门》值得一提，两者作为教材沿用了千余年。前者是严密推理的典范，具有非常好的美学性，后者尽管带有一些神秘色彩，但也具有美学性。从时代发展的角度来讲，这是两本数学美育教材。中国古代数学家杨辉的著作图文并茂，并收编了许多歌诀，便于学习和使学习者产生兴趣，所以他的《详解九章算法》也是数学美育的好教材。程大位用诗歌形式来表述数学问题，也为中国古代数学美育做出了贡献。

（二）近代对数学美育有影响的人物

近代对数学美育有重要影响的人物是法国数学家庞加莱、阿达玛，这两位数学家为现代数学美育奠定了基础。还有罗素、怀特海也都关注数学美育。著名数学家华罗庚也对数学美育有精辟的论述。近代著名教育家蔡元培在《美育实施的方法》一文中说："凡是学校所有的课程，都没有与美育无关的。例如数学，仿佛是枯燥不过的了，但是美术上的比例、节奏，全是数的关系，截金术是最明显的例子。数学的游戏，可以引起滑稽的美感。几何的形式，是图案术所应用的。"

（三）现代的数学美育

B.A. 奥加涅相在《中学数学教学法》中提出要实施数学美育。20 世纪美国的数学教育经历了新数运动、回到基础、问题解决三个阶段，似乎与数学美育无关，但从新近出版的《美国学校数学课程与评价标准》中可知，在三个层次的标准里都有对数学美的要求，如对 9—12 年级学生要求意识到在数学思想发展中，数学记号及其功能的经济性、力度和优美性，这是否意味着美国的数学课已经具有美育性质了呢？

中国的数学教育在 20 世纪七八十年代经历了新中国成立以来的第五次变革，数学美育逐渐被人们重视，出现了徐利治、赵宋光、殷启正、罗增儒等一批学者。徐利治先生提出了数学美的定义；赵宋光先生主持了综合构建未来教育工程，并出版了著作，在立美教育方面有创见；徐本顺、殷启正等出版了《数学中的美学方法》，提出了数学解题的美学方法，从而为在数学教学中实施美育打下基础；罗增儒先生在《数学解题学引论》中提出"以美启真"的解题策略；徐沥泉先生的"MM 方式"为实施数学美育构建了一个平台；等等。张奠宙教授主编的《数学素质教育教案精编》收集了一线教师创作的数学美育教案，并加了点评，罗增儒先生所著的《中学数学课例分析》对一线教师的数学美育教案进行了分析。另外，北京市一○一中学编著的《课堂美育设计理论与实践》（中国科学技术出版社）详细叙述了各科的美育设计，包括数学美育设计。广州市第一○九中学校长叶昌奎所著的《以美育人教育模式论》（广东高等教育出版社）中倡导的教育理念是"和为美、求发展"，把数学美育作为各学科教学子模式的一个组成部分。这两所中学为其他中学提供了参考。在现在大家讨论激烈的研究性学习中，也出现了有关数学美的研究课题，在素质教育的大旗下中国的数学美育研究热火朝天。

六、数学美育的目的

数学美育的直接目的是让学生欣赏到数学美、教学美，间接目的是培养具有健康人格、和谐发展的人。只有让学生欣赏到数学美、教学美，才能说实施了数学美育，才能在学生身上产生美育效应，从而达到培养具有健康人格、和谐发展的人的目的。后者不是数学美育能单独完成的，所以把数学美育的目的分为直接目的与间接目的。数学美育的直接目的是实现间接目的的基础之一。

数学美育对健康人格培养有哪些影响呢？健康人格的内涵就是完整的人，它主要的表现是具有整体性、协调性、创造性、情感性，是四者的统一。整体性指人的诸种心理机能（感性和理性）处于一种和谐平衡的状态；协调性指普遍具有爱的情感，以爱的方式处理自己与他人、社会、自然的关系；创造性指富有创造精神；情感性指具有充沛的生活活力和丰富的情感。数学美育的直接目的是让学生欣赏到数学美，数学美主要包括简单美、和谐美、奇异美、对称美，数学美还具有社会性。我们知道美感具有导向作用，即俗话所说，爱美之心人皆有之。当学生产生了数学美感，就会在其心理构建方面产生影响，具体表现在以下几个方面：

（1）和谐美：和谐美亦称统一美，是指部分与部分、部分与整体之间的和谐统一，是指在不同的数学对象或同一数学对象的不同组成部分之间所存在的内在联系或共同规律。当学生产生了和谐美感时，通过联想、类比等心理活动，就会对受教者本身的心理发展产生相应的影响，即人的心理在知、情、意三要素方面也应该和谐发展。同时，由于美育是感性教育，在数学课中学生的理性得到培养的同时，感性也得到了培养，而这正是与健康人格的整体性、协调性相对应的，所以和谐美的欣赏有助于整体性、协调性的形成。

（2）奇异美：奇异美指所得出的结果或有关的发展是出乎意料的，使人既惊奇又赞赏与折眼。对于奇异性的结果对数学发展的影响，无论作何种评价都不会过分，因为它意味着旧观念的崩溃和新思想的诞生。显然，学生欣赏到奇异之美时就会产生创造动机，从而对健康人格的创造性有所贡献。

（3）简单美：包括计算过程短、推理步骤少、逻辑结构浅显明确、表达准确而简明。追求简单美往往促进创造发明，如陈景润追求哥德巴赫猜想的简单美而促进了陈氏定理的发现就是一例。所以，对简单美的追求也对健康人格的创造性有所贡献。

（4）对称美：对称是最能给人以美感的一种形式，它是整体中各个部分之间的匀称和对等。对对称美的追求也有助于整体性、协调性的形成。对称是整体的对称，对称也是一种协调，这与整体性、协调性是对应的。

学生在欣赏数学美时伴随着强烈的情感活动，他们感叹这么美的事物是谁创造的。此时，他们是在关注数学美的社会性，关注数学家的创造性工作，对数学及数学家怀有深深的情感，这就有助于他们健康人格的情感性的形成。

综上所述，数学美育有助于健康人格的形成，促进人的和谐发展，所以实现数学美育的直接目的是实现其间接目的的基础。

七、数学审美教育中的要素分析

（一）学生数学审美心理结构分析

根据心理学可知，人的心理活动有三种最基本的要素：认知、情感、意志。与此相应而构成智力结构、伦理结构、审美结构。人的心理结构正是由这三者构成的，它们交织在一起，共同参与心理活动。审美结构是心理结构的子结构，它也包括情感、认知与意志因素。

数学审美心理结构是带有数学特点的审美心理结构，包括数学认知结构、对数学的审美情感、对数学的审美意志。

（二）学生数学审美心理过程描述

心理学告诉我们，心理过程是指人的心理活动发生、发展的过程，包括认识过程、情感过程和意志过程，三者是一个统一的整体，它们互相联系、互相制约、互相渗透。人在认识事物的过程中，对待所认识的事物总是持有一定的态度，人对这种态度的体验就是情绪或情感，美感就是情绪或情感的具体表现之一。由此看来，审美心理过程包含在心理过程中，审美心理过程是一个复杂的过程，涉及的因素较多，主要有感知、想象、意象、情感、领悟等，因为三个心理过程是互相渗透的。当审美施教者通过审美媒介向受教者传递审美信息时，一般审美受教者要经历三个审美阶段：感知阶段、感受阶段、感动阶段。

（三）学生获得数学美感的条件

我们知道，不是数学成绩好的人都喜欢数学，也不是数学成绩不好的人都不喜欢数学，那么，满足怎样的条件，学生才能获得数学美感呢？

我们认为，首先，学生必须有较良好的数学认知结构。要领悟数学美，必须以熟悉数学内容为基础，懂得数学的基本概念、公式符号和逻辑等。所以说，良好的数学认知结构是获得数学美感的基础。其次，学生必须有基本的审美能力。因为数学美是一种理性美，比其他的美更难被感受到，所以只有具备基本的审美能力，才有可能感受到数学美。因此，基本的审美能力也是学生获得数学美感的条件之一。最后，知识的难易程度往往决定学生的理解程度。只有当学生理解了内容，才可能对内容产生亲近感，才可能产生数学美感。所以知识的难易程度也是学生获得数学美感的条件之一。

有了上述三个条件并不能保证学生获得数学美感，必须在学生想学习的前提下才有可能实现，这样，有意义学习心向就成为学生获得数学美感的条件之一了。所谓有意义学习心向就是指积极主动地把符号所代表的新知识与学习者认知结构中原有的适当知识加以联系的倾向性。最后一点是审美型教师的教学。因为对于同样的知识，不同的教师讲出的"味道"是不一样的。只注重知识传授、能力培养的教师讲的课很难让学生感受到数学美。只有通过审美型的教师的教学，才能启发学生的数学审美意识，引起学生对数学美的共鸣，从而达到实现数学教育目标的情感目标。

以上相互联系的五点是学生获得数学美感的条件，不能割裂开来理解。

（四）学生数学审美个性特征

根据克鲁捷茨基在《中小学数学能力心理学》一书中的观点，学生的数学气质分为分析型、几何型、两种调和型，要结合数学美育对学生的数学审美个性进行描述。遗传、教育、环境的作用造就了人的不同的个性，表现在数学学习上，学生也有明显的差异，就思维特点来分，基本上可以分为几何直觉型、代数逻辑型、综合型。

几何直觉型：对图形的形状及其结构非常敏感，往往能从图形的特点直觉出解题的思路。在对数学内容的审美方面，表现为喜欢具有形式美特征的图形，可以用数学的表情性质对他们进行数学美育。

代数逻辑型：对数与式及它们之间的关系很偏好，喜欢抽象的数学概念。在对数学内容的审美方面，更容易欣赏到数学美的抽象性、统一性、和谐性。对这种类型的学生，讲完内容之后，给一点时间让其回味，效果更好。

综合型：兼有上面两种类型的部分特点，这种类型的学生是比较多的。

可以对不同类型的学生有针对性地实施数学美育。

（五）教师在数学美育中的地位和作用

教师在课堂上是主导者、组织者、导演、审美施教者、数学知识传授者，所以其地位非常重要。但是在数学美育的课堂上必须强调平等与民主——人格平等、教学平等，因为美育具有自由性的特点，所以只有在师生平等的基础上，学生才能自由表达自己的思想，才能实施数学美育。例如，在"开放题"课题教学中往往能做到这一点，而在"填鸭式"的数学教学中无思想自由，美育更无从谈起。

（六）数学美育对教师的素质要求

1. 人格魅力

首先，教师是一个合格的人，但作为实施数学美育的教师，只有这一点是不够的，他（她）还必须是一个优秀的人，应具有高于同时代的文明素养。这样其言行才能对学生产生有利于学生发展的影响，他的思想情感、精神所散发的美才能感染学生，才能为开展数学美育创造良好的条件。如果一个教师没有人格魅力，那么是很难有好的美育效果的，更谈不上数学美育效果了。

其次，教师必须不断地充实自己，作为数学教师尤其要有人文方面、艺术方面的素养。应向我们的前辈华罗庚、苏步青学习，丰富自己的精神世界，建立自己的精神家园，形成自己独特的、富有个性的人格魅力。

最后，在教师个性塑造方面，因为美育具有形象性、情感性的特点，所以作为一名实施数学美育的教师必须具有这方面的特点，以形成自己鲜明的审美个性。实践表明，这样的教师更容易对学生实施数学美育。形象性要求教师具有良好的形象与气质，板书要漂亮，情感性要求教师在数学交流中语言要有魅力，有时充满激情，有时委婉低缓，能时刻抓住学生的注意力。

2. 数学学科素质

作为数学教师，无疑应具有较高的数学学科素质，这是一个合格的数学教师应该具有的。教师不仅要会解数学题，而且要理解数学发展的历史、思想方法，掌握数学发展大体上的动态，还要了解与数学相关的学科，如数学哲学、数学美学、数学文化学等，更主要的是能对数学的某一领域有进一步的深入持久的研究，还要有创新能力，包括对数学专题、数学教育专题的独到见解等。只有具有这样素质的教师，才能把数学的精神、价值体现在教学中，也就是把数学美展示出来，才能对学生进行数学美育。这是从深入把握数学的真、善、美方面对教师提出的要求，因为数学的真、善、美是统一的，真、善又是美的基础。

3. 教育素质

要进行数学美育，教师必须具有较高的教育素质，包括先进的观念、技能、现代教育技术三部分。具有先进教育观念，也就是前文所述素质教育观；常规教学技能指语言表达、板书设计、组织教学等；掌握现代教育技术指能在网上查找教学资料，用多媒体制作课件等。

第五章　数学文化研究与高职数学教育

数学是人类文化的重要组成部分，数学教育离不开文化的教育，上海教科院副院长顾泠沅教授在《文化传统与数学教育现代化》一书的序中指出："数学、教育、文化是数学教育现代化的三大主要支柱，缺一不可。"

当今数学教育价值取向的核心是体现"人本位"的目标，即数学教育关注人的社会发展、社会生存、人格发展以及社会责任等。数学教育作为一项具有建构生命意义的活动，理应要使学生享受学习生活的乐趣，关注个体素质的提高。

数学教学内在生命化形态包括师生的经验、感受、理解、创意、困惑、方式、思想、态度、价值观等。生命化教学就是挖掘数学教学内在生命化形态，追求人的生命的完整，即人格心灵的完整、个性的发展和情感与兴趣的满足。生命化教学是教师与学生以生命发展为基础，通过对生活世界的关注，使学生得到情感体验、人格提升、个性张扬，同时使教师的职业生命活力得以焕发，师生生命在交往互动、共同经历中不断生成的过程。它不再是传统教学中的教师教、学生学的过程，也不是单纯以学生发展为目的，而是在使学生具有正常的情感体验，具有真善美的人格，个性充分发展的基础上，给予教师职业生命的满足。使师生双方生命都得以生成，实现完整的教与学的过程。

生命化教学的本质特征主要体现在三个方面：一方面，生命的体验性。人的生命是独一无二的，它在生活世界的存在中需要获得自我生命的确认感和生命力量自由绽放的愉悦感。课堂教学就是要以师生生命体验与生命关怀为终极目标。第二方面，教学的交往互动性。交往是教学的本质属性，教学中的相互影响、相互合作、相互矛盾等都是教学交往的不同表现形式。第三方面，教学的生成发展性。生命化教学是一个不断自我出新、自我繁衍、自我生成的过程。教学作为一个生命体，是在一定的时空中由教师与学生交互作用而生成的。教学活动中的教师和学生都是活生生的人，都是具有自身特点的"个体"，其品质、认识、情感、意志、信念、行为等相互联系与配合，互相影响与制约，这就构成了一个有机的"生命体"。教学过程就是这些"生命体"合成和发展的过程，生命化教学就是以培养师生的"生命活力"为核心，在成就性动机维持下进行持久性学习活动，使学生个体的智慧生命得以延展，并使教师在驾驭教学活动的过程中也能得到自我发展、自我提高、自我完善、自我实现、自我升华。

我国高校在非数学专业开设的大学数学课程中，一般都以微积分为主，线性代数、空间解析几何、概率论与数理统计等课程，根据各专业需求情况决定是否开设。

当教材地位相对降低、课程资源概念突显之时，如何挖掘数学教学内在生命化形态，整合文化性的课程资源，使学生在获得基础知识、基本技能的同时获得文化价值观，实现数学课程功能的真正转变？

第一节　数学文化教育反思

我国义务教育阶段数学课程标准、高中数学新课程标准均明确提出要把数学文化内容与各模块的内容有机结合。而要在中小学数学教学中渗透数学文化，必应始于在大学数学教学中数学文化的渗透。

审视一下我们高校的大学数学教学，由于种种原因，教师们极少在数学文化教学上下功夫，课堂依旧表现出演绎式的"一脸冷漠"，最应体现并让学生体悟到文化内涵的大学数学课恰恰没有多少改变，大学数学课程以及课堂中都缺失数学文化的浸润。

一、高职数学教育中数学文化的缺失

大学生已经历小学、初中、高中共12年的数学知识积累过程，更易理解数学文化的丰富内涵。同时，他们已具备了一定的自学和探究能力，在知识层面可推荐数学书籍让他们阅读，在观念层面可开展适当的专题讲座进行教化，在精神层面可通过探究活动使其能力得以提升。但是从一些调查研究的结果看，大学数学课程以及课堂中都缺失数学文化的浸润，间接显现了高职数学教育中数学文化的缺失。

（一）大学生的数学文化观存在不足

张明明通过对高师院校数学与应用数学专业学生数学文化素养的现状的调查，认为大学生在数学文化观的七个维度的水平上均存在不足：在对数学研究对象的认识上，一些学生将数学错误地看作是大量公式、定理和枯燥的计算；一些学生对数学研究内容的认识不全面；一些学生对数学语言的认识不够深入，没有意识到数学语言的重要性；在对数学发展过程的认识上有偏差；一些学生没有体会到数学精神、思想和方法的重要性；一些学生也没有意识到数学的地位和作用；在对数学美的认识上，大部分学生意识到了数学的美，仍有少部分学生没有发现数学的美。

（二）大学生的数学观哲学取向以处于较低层的工具主义和柏拉图主义的观点为主

葛春丽以工科院校的大学生为调查对象，从数学本质、数学特征和做数学三个方面，对大学生的数学观进行调查，调查结果为：

首先，在数学本质方面学生认同的有：（1）数学是一个知识的统一体；（2）数学是创造和再创造的活动；（3）数学是方法和规则的集合；（4）数学是从公理和定义出发，根据形式逻辑演绎定理。不确定的有：（1）数学就是定义、公式、结论和方法的应用；（2）数学是由现实问题或数学自身产生的问题推动的，其结果并不可预见。不认同的有：数学是漫无目的的游戏，是与现实无任何紧密联系的东西。

其次，在数学特征方面学生认同的有：（1）数学中不断会有新的发现；（2）人们可以用多种不同的方法来解决数学问题；（3）逻辑的严密性和精确性是数学必不可少的；（4）有可能得到正确答案而仍然没有理解这个问题。不确定的有：（1）数学中学到的知识极少与现实有关，很少会在生活中被用到；（2）数学问题主要是与教材内容相关的习题和考试中的试题。

最后，在做数学方面学生认同的有：（1）数学尤其需要形式和逻辑上的推导，以及进行抽象和形式化的能力；（2）要在数学上取得成功，主要在于很好地掌握尽可能多的规则、术语和方法等实用知识；（3）做数学需要大量应用运算规律和模仿解题的练习；（4）计算机等技术手段已被广泛地用于做数学。不确定的有：几乎每一道数学题都可直接运用熟悉的公式、规则和方法来解题。不认同的有：尝试解题时，需要找到唯一的正确方法，否则便会迷失。

通过对调查结果的分析，葛春丽认为学生的数学观哲学取向是以处于较低层的工具主义和柏拉图主义的观点为主的；长期以来根植于学生头脑中的工具主义和静态的、绝对主义的数学观仍是主流；学生仍倾向于把数学看成与逻辑有关的、有严谨体系的、关于图形和数量的精确运算的一门学科。

（三）高职数学教育中数学文化课程的缺失

通过对国内外大学开设数学文化课的情况以及国内大学开展数学文化活动的调查，认为多数高校数学课程基本以数学理论及应用知识为主，很少涉及数学文化层面。

（四）课堂教学中缺失融入数学文化

影响学生数学观来源的七种因素按照从大到小的顺序排列是：解数学题、教师演示教学的方式、教材的内容与整体编排、数学考试、同学与数学课堂情境、中小学时家庭教育经历、所学的专业。

葛春丽的调查显示影响学生数学观的主要因素是：解数学题、教师演示教学的方式、教材的内容与整体编排。

　　高校数学课只是教师讲授数学专业知识，学生接受确定的、一成不变的数学内容的过程。课堂教学中融入的数学文化也只是局限在蜻蜓点水地介绍一点数学史知识。如何在数学课堂中营造数学文化氛围，将数学文化融入普通数学课堂，只是愿景。

二、高职数学课文化缺失现象简析

　　大学数学教师在上课前应思考"教什么""为什么教""怎么教"这三个基本问题。而这三个问题的确立与教师自身所持有的数学价值观、课程观有关。另外，还存在操作层面的问题，即教师自身的数学文化知识的存量与结构影响教师的授课方式和效果。

（一）教师的数学价值观导致大学数学课文化的缺失

　　教师的数学价值观分三种形态：工具取向的数学价值观、知识能力取向的数学价值观、文化取向的数学价值观。显然教师持有文化取向的数学价值观是展开数学文化教育的前提。但在现实中，持工具取向的数学价值观、知识能力取向的数学价值观的教师占绝大部分，这与高校的办学思想、课程设置以及评价体制有关。

（二）教师的数学课程观导致大学数学课文化的缺失

　　教师自身所持有的课程观大体分为整体主义课程观和结构主义课程观。整体主义课程观是把课程置于历史长河中动态生成来看，考虑学生整体发展；结构主义课程规则从静态的结果来看，仅仅考虑学生对知识进行建构。但在现实中，由于自身数学文化知识的匮乏、高校历来重科研不重教学的评价体制、教学时间相对紧等主客观原因，持结构主义课程观的教师占绝大部分，最终导致大学数学课教学少有文化气息。

（三）教师在教学操作层面的能力导致大学数学课文化的缺失

　　操作层面的问题主要是来自教师自身以及教育体制。由于教师自身数学文化知识的匮乏、习惯性教学方式以及高校历来重科研不重教学的评价体制、教学时间相对紧等主客观原因，即使有些教师具备文化取向的数学价值观，也难以在大学数学课堂教学中渗透文化气息，更难听到流形、聚类、混沌、分形这些数学文化常识与语言。

第二节　数学文化教育的维度

　　数学已有五千多年的发展史，现在已经渗透到社会的各个领域。它所蕴含的文化资源无比丰富，可谓取之不尽、用之不竭。它可以是某个发人深省的数学思想、精彩美妙的数学方法和让人着迷的数学命题，也可以是展现数学在科学技术、政治经济、文学艺术以及社会现实生活中那些漂亮的应用。然而这些内容又都是繁杂无序的，是没有什么组织结构的，我们必须经过适当的筛选和一定的教学加工，才能把它们改造成"教育形态"的数学文化。我们可以从数学文化教育的以下几个维度考虑。

一、科学教育维度

陈省身说过，"好的数学"易懂难攻，的确吓退了许多人，但也有不少人迎难而上，接受挑战，最后造就了有学问的大家。这给人以深刻的启示：在激发学生的兴趣和创新精神的基础上，数学教学更应注重培养学生迎难而上的探究精神。数学作为人类文化的一部分，其永恒的主题是认识宇宙，也认识人类自己，要让学生深切地感受到数学是科学的语言、思维的艺术。与其他学科相比，数学探究的抽象程度更高一些，如数学模型就是通过对原型的模拟或抽象而得来的，它是一种形式化和符号化的模型。

在引导学生进行数学探究的过程中，教师要成为有力的组织者、指导者、合作者，应该为学生提供较为丰富的数学探究问题的案例和背景材料，引导而不是代替学生发现和提出问题，特别应该鼓励学生独立地发现和提出问题，还要组织学生通过相互合作解决问题，指导学生养成查阅相关参考资料、在计算机网络上查找和引证资料的习惯。要大力鼓励学生独立思考，帮助学生坚定克服困难的毅力和勇气，同时要指导学生在独立思考的基础上用各种方式寻求帮助。

在教学内容上，有从数学出发延伸到其他学科知识，也有从其他学科的需要出发引出相应的数学知识。例如，物体运动变化与曲线、导数与瞬时速度等。

在教学内容的组织上还可进行一些拓展。首先是教材的文化拓展。教材是学生学习数学的重要依据，只要我们对教材相关内容进行适当的加工、拓展和补充，就可使其重新焕发出文化的活力。例如，在概念教学中来一段背景综述，充分揭示数学知识产生、发展的过程，使学生感受到数学知识都是事出有因、有根有底的，均是一定文化背景下的产物。又如，在解题教学中，除了必要的解题训练外，通过整理和反思，主要应让学生感受解题过程中所蕴含的数学思想和方法。其次是利用经典数学名题拓展。数学是一门古老而又常新的学科，问题是促进数学发展的源泉和动力。从古到今，我们有极其丰富而有趣的数学问题，孕育着深刻而丰富的数学思想方法。最后是利用科学中的数学拓展。从哥白尼日心说的提出、牛顿万有引力定律的发现，到爱因斯坦相对论的创立，再到生命科学遗传密码的破解，数学在其中都发挥了非常重要的作用。

二、应用教育维度

把数学应用意识视为一种重要的数学素养，这就要求我们多用数学的眼光去发现生活，不失时机地把课堂上的数学知识延伸到实际生活中，向学生介绍数学在日常生活和其他学科中的广泛应用。例如，通信费等函数问题，交通路径、彩票抽奖等概率统计问题，贷款、细胞分裂、人口增长等数列问题，以及利润最大、用料最省、效率最高等优化问题，鼓励学生注意数学应用的事例，开阔他们的视野。在解决实际问题中，学生若能深切感受到数学的应用价值，感受数学与现实世界的紧密联系，将有助于其形成良好的数学观，有利于透过问题的表象探寻问题的本质，从而形成基于数学视角和数学方法思考并解决问题的能力。

三、人文教育维度

数学教育具有培植人文精神、促进心灵成长、使学生获得非与生俱来的完美人格的人文价值。学生学习数学，需要学习的不只是事实和技巧，更需要吸收一种数学的世界观、一套判断问题是否值得研究的标准、一种将数学的知识、热情、鉴赏力传递给他人的方法。教师教好数学，不能只教学生简单地记住一堆事实或掌握一套技巧，而需要开发与学科有关的东西。

在数学发展的历史长河中，蕴藏着无限的人文教育素材，数学的发展史是人类文明史的缩影，充满了人类的喜、怒、哀、乐，既有艰辛的劳动，更有辉煌的成就，经历了从幼稚到成熟的成长过程，它承载着人类社会每一次重大变革的重要成果。可利用数学家的故事，展示他们执着追求真理的精神风采，呈现他们高尚的人格品质，从而激发学生们的民族自尊心和自信心，增强他们继承和发扬民族光荣传统的自豪感和责任感。

数学的理性精神无处不在，可以为学生开展如"《几何原本》与人类理性""微积分与极限思想""电子计算机与数学技术"等讲座，使学生了解这些内容，并体会到数学在人类社会进步中的重要作用以及社会发展对数学发展的积极影响。

四、审美教育维度

数学是一种奇妙有力、不可缺少的科学工具，可把奥妙变为常识、复杂变为简单。简单既是思想，也是目的。数学思想是人人都可以享用的，如数学中有一种非常重要的思想方法——化大为小，也就是把遇到的困难的事物尽量划分成许多小的部分，这样每一小部分显然就容易解决，每个人都可以用这样的方法来处理日常问题。

自然界和人的生产生活领域有大量错综复杂的关系和变化着的现象，利用数学分析方法，可以将这些关系和现象中隐含的秩序和法则通过公式、方程式等表现为简单而有用的规律，这就是数学美。美，在本质上体现为简单性。"好的数学"简单美丽，是一种至美，只有借助数学才能达到简单性的美学准则。例如，欧拉给出的公式：$r-e+f=2$，堪称简单美的典范。由这个公式可以得到许多深刻的结论，这个公式对近代数学的两个重要分支——拓扑学与图论的发展起了很大的作用，是拓扑学与图论的基本公式。

每一个复杂问题的背后一定蕴含着一个简单的方法。数学教育离不开审美教育，数学中的简单美是激发求知欲、形成内驱力的源泉。如果能让学生在数学教育中有如此的审美经历，定会激发他们钻研数学的热情和动力。引导学生充分享受这种简单美，不但能培养学生的创造性思维，而且对提高学生类比、联想、想象等特殊思维能力有十分重要的作用。另外，数学的简单美还能培养学生遵循客观规律、办事简洁和精益求精的个性。只有让学生体会到数学的内在美，才能让学生因"玩"数学而爱好数学，进而钻研数学。

我们应该从学生的角度出发，充分挖掘教材中数学美的内容，通过数学美的展示和解释，使学生理解它们，欣赏它们，从而达到使学生喜爱数学的目的。对数学美育内容的挖掘和展现可按四个层次进行：美观、美好、美妙、完美。此外，还可以利用计算机惊人的计算能力和无限的创意功能来展示和创造利用其他手段无法展现的数学美的内容。例如，利用几何画板描绘优美的曲线以及分形几何图形的演示、Mathematica 的三维动画等，让学生去欣赏美、创造美，通过数学在音乐、绘画、文学等艺术领域的应用的介绍，提高学生的艺术鉴赏能力。例如，达·芬奇绘画艺术中的黄金分割、中国古代文学作品和戏曲中的数字文化、数学悖论等。陈省身认为，数学的天地极为宽阔，既有高山、大海、金字塔尖，也有同样美不胜收的丘陵、小溪，还有生长在小溪旁边的野花。好的数学既要经典，也要通俗。只要不抱功利的目的，就可以在数学的百花园里到处体会到乐趣。当然，好的数学具有层次性，可以在不同层面普及，并期待不同层面的高手。数学文化教育是开放的、动态的、多元的，教师应拓展数学课堂的视野，拓宽"数学文化"进入数学课堂的途径。

第三节　数学文化融入高职数学教育

素质教育理念下的数学教育观，突出培养学生的动手、应用和创新等能力的重要性，数学文化概念的提出极大地丰富了这一新的教育观的内涵。

数学的孤立主义倾向主要来源于自身的抽象性和抽象程度越来越高的发展趋势。学生不但因此感到学习困难，而且感到数学离现实生活太远。其结果是学生惧怕数学，对数学缺乏兴趣，导致相当一部分学生采取模仿式学习。数学的孤立主义在不少学生中有所反映，在他们看来，数学是封闭的，与外界少有联系。因此，他们的学习总是在数学内部打转，无法形成应用数学的意识。

数学发展的两大动力：一是数学外部文化的需要，二是数学内部发展的需要。即使是后者，也是外部文化间接的需要。例如，虚数产生于数学内部解方程的需要，表面上看似乎与其他文化没有联系。但当高斯等数学家给复数以几何表示，并发现它可以表示向量，因而在流体力学、空气动力学得到应用后，虚数的合法性才得到广泛认可。因此，可以认为，虚数是因物理学的间接需要而产生的，只不过是数学的发展超前于人类的认识，而使复数理论处于"哲伏期"罢了。

在素质教育理念下的数学教育观，从数学的文化思想来看，文化是人类所创造的，反过来，人类借由文化来塑造自身。大学数学教学应克服数学的孤立主义倾向，让学生感受到数学与现实联系的紧密性与丰富性，开阔学生视野，激发他们的想象力和创造力，塑造他们的精神品格是数学文化思想在数学教育中的意义所在，数学教育的着力点应该放在对学生的数学文化的塑造上。数学教育的功能是除了传授数学知识外，使学生能够正确选择文化，成为健全的社会人；具备适应社会发展所需的理解力、学习力、判断力和解决问题的能力等基础能力，成为与社会同步前进的文化人；与生俱来的潜在的创造力能得到最大限度的激发，成为具有自身价值、有益于社会和国家的创造性人才。这就要求在数学教育中揭示数学知识的文化内涵。

在数学教育中揭示数学知识的文化内涵，在于让学生通过丰富的实例体会到数学抽象性的客观现实背景，体会到数学其实是与生活、与周围实际有着密切联系的，从而增强他们学习数学的自信心，提高他们对数学的理解力。在数学教育中揭示文化间的互动关系，在于让学生体会到数学与其余文化间有着相当广泛的联系，通过对文化间关系的揭示，帮助他们沟通数学与其余文化间的联系，让他们体会到数学的发展在很大程度上是受外部文化需要的刺激，体会到对于外部文化的需要，数学总是以主动或被动的方式从量的方面进行研究，从计算技术、方法和理论上提供所需的支撑。这不但有助于增加学生对数学的理解，增强学生应用数学的意识，而且有助于开阔学生视野、活跃思维、激发学生的想象力和创造力。另外，在数学教育中揭示数学的精神意义，在于培育学生的精神品质。精神品质不但在学生的学习中起着动因性作用，而且对学生的发展有着决定性影响，而这恰好是数学教育的薄弱环节。

据此，数学教育应从以下层面充分揭示数学文化的意义：揭示作为知识体系的数学的文化意义；揭示作为科学的数学的精神意义；揭示作为文化系统的子系统的数学文化与其余文化尤其是人类整个文化相互间的互动关系的意义。

一、数学教学应充分重视对数学本质的文化意义的揭示

揭示作为知识体系的数学的文化意义，也就是揭示数学概念、公式、方法和思想等的文化意义，从文化的角度探讨它们相互间的关系以及研究它们在数学教育中的作用。在作为知识的数学的文化意义中，数学本质的文化意义最为重要。迄今以来，人们对数学本质的研究虽然广泛而且深入，但大多停留在理论层面。数学是研究客观世界量的关系的科学，由数学的这一"量的关系"的本质特征的概括，其文化意义可作如下揭示：首先，数学是从量的方面揭示事物特性的，这就决定了数学必然是抽象的；其次，客观世界中的万事万物无不具有质与量两个方面的特征，因此数学的应用必然具有广泛性；最后，事物间是相互联系、相互影响的，且联系和影响的方式呈多样性和复杂性，数学则是通过寻求不同模

式的方式来研究量间的关系的。由此我们可以清楚地看到，数学的抽象性、模式化、数学应用的广泛性等特征都由本质特征决定，是由本质特征派生而来的。对数学本质的上述文化意义可作进一步揭示。例如，就数学的抽象性而言，数学的抽象性是从量的方面进行抽象的，以此区分出哲学、语言等科学的抽象性。数学从一开始就是抽象的，如作为数学源头的自然数概念便是在对离散对象进行量化的过程中抽象得到的；在数学发展过程中，数学是不断抽象的，如字母代数是在数的概念的基础上抽象的结果，而集合中的元素则是字母代数的进一步抽象；数学的抽象性不仅表现在概念、定理、公式上，也表现在数学思想、数学方法上，如最大限度地追求反映一类事物的共同特征即模式是数学研究的一种重要思想。大量运用符号对抽象所得的概念、定义、定理和法则作进一步概括是数学的一种重要方法。

此外，数学的抽象性还反映在数学应用上。充分揭示数学特别是数学本质的文化意义，对于提高学生对数学的理解能力十分关键。数学是从量的方面揭示事物特性的，这就意味着量是数学的基本要素，也是全部数学的基础。事实上，所有数学内容都是围绕量的抽象（或选择）、量的度量方法的寻求、量的关系的揭示而建立起来的。从量的角度出发，通过对量产生的背景、量的抽象方式、量的度量方法寻求的过程以及量的关系的揭示，无疑将极大地加深学生对概念、公式、符号、数学思想、数学方法的理解，克服数学抽象性带来的学习上的障碍。

当前，数学教育面临的主要矛盾是数学教育严重滞后于社会发展的问题，矛盾的产生来源于数学自身的快速发展和数学以超出人们预料的速度向一切知识领域渗透，而后者直接导致社会对人的数学素质的要求不断提高。采取选择课程内容、改进数学教学和学习方法等措施对于问题的解决是必要的，但是不能从根本上解决问题，提高学生对数学的理解力则是解决矛盾的根本性策略。就此而言，充分揭示数学本质的文化意义，开展对数学本质的教学研究，高度重视数学的本质特征，在今天变得尤其重要。

二、数学教学应充分揭示数学的精神意义

数学在长期的发展中，形成了独特的文化精神即数学精神。数学精神是典型的科学精神，它包括求实精神、客观精神、理性精神、怀疑精神、批判精神、创新精神和无限追求、探索的精神等。数学精神之所以能成为典型的科学精神，是因为在早期人类认识水平低下，揭示事物量的性质相对于揭示其物理、化学等其他性质更为容易。数学由经验概括得到的公式、法则等结论因其直观和容易验证而普遍被人们接受。此外，数学所概括的结论在当时的生产力发展状况下解决了生产中的大量实际问题。由于以上原因，数学因此较早就产生并获得发展。数学发展初期，四大文明古国在解决测量、贸易、航海、天文观察等方面的实际问题中，创造发明了大量计算方法和数学公式，形成了灿烂的古代数学文化，其特点是讲求实效、追求算法、解决问题，形成了数学的求实精神和创新精神。古希腊继承并

发展了数学的求实精神和创新精神。为了探索宇宙的设计布局和结构，他们进一步提出在数学中必须回答"为什么"，由此创造出全新的数学——演绎数学。演绎数学的核心是数学证明必须采取理性方式，而不允许用观察、试验等直观方式，以此避免直观经验可能造成的错误，使数学结论具有可靠性，从而形成了数学的客观精神和理性精神。数学的理性精神极大地影响了其他文化，成为人类文化重要的精神。

在对学生进行数学文化塑造的过程中，精神文化塑造比知识文化塑造更为重要。精神是文化的核心，是人的思想和行动的内驱力。精神因素不但在学生的学习中起着动因性作用，而且对学生未来的发展有着决定性影响。不幸的是，我国的数学教育存在着精神缺失。超负荷的教学与学习任务使各校安排的课外教育活动大都落不到实处，以考试成绩作为教学好坏判定标准的客观现实使教师在课堂上不得不把关注点放在考试点上，没有也无暇顾及对学生进行精神培育，致使教育目标所规定的思想性的培养因其为"软指标"而形同虚设。造成这种情况的原因是多方面的，除在教育观念上重科学教育轻人文教育，在教育体制上以考试分数的高低来决定教育的好坏以外，认为精神培育无助于知识的学习也是重要的原因，这是认识上的误区。在数学教育中重视对学生的精神品质进行培养，不但不会影响知识文化的塑造，而且将对学生的学习起着促进作用。一个具有责任感的学生，必然表现为主动性学习，善于思考，遇到困难敢于克服。反之，精神贫乏的学生，其学习必然是被动的、记忆式的，所学知识也就必然是堆砌的、浅层次的、缺乏思考深度的。

在数学教育中忽视精神文化塑造的状况如果不加以改变，那么实施数学素质教育以来在课程、教学方法和考试等方面所进行的改革和努力将大打折扣。

数学在长期发展中所积淀的丰富的数学精神，数学家群体在漫长的数学文化进程中所创造积累的众多光辉成就，以及数学家们在对真理的不懈追求中所表现出的种种感人事迹和精神品质本身就是精神文化塑造的良好素材。就科学精神的塑造而言，数学教育的条件是得天独厚的，如何充分利用这种条件，在数学教育中培养学生形成正确的思想观念、积极的人生态度、科学的信念和责任感等良好的精神品质，促进数学素质教育的有效实施，是我们应该思考的问题。

三、数学教学应充分揭示数学文化与人类文化间的关系

文化学研究表明，任何文化都受到其母文化的滋养，与其子文化有着直接的联系。数学的本质特征决定了它与文化间的联系是直接且密切的，这就意味着在数学教育中揭示文化间的联系有着特别重要的意义。揭示数学与文化间的联系，可从概念、方法、思想等层面进行。以对称概念为例，对称概念产生的文化背景是大自然中的对称现象在人类文化中的反映。植物、矿物等自然界中广泛存在的对称现象很早便被人类注意到，并将其运用到建筑、绘画、制陶等艺术领域，成为一种重要的表现手法，由此刺激了数学的研究。数学从几何角度抽象出对称概念，反过来对艺术的对称表现手法从设计、操作等层面给予了理

论指导，促进了艺术的发展。在数学内部，一方面，数学将对称概念运用到初等代数中获得对称多项式的概念，类似地，运用到几何、代数、行列式、集合论、算子理论、线性变换理论、张量分析等分支中，得到对称多面角、对称多项式、对称行列式、对称差、对称算子、对称变换、对称共变张量等概念。几乎在数学的所有分支中都可以看到对称的踪迹。另一方面，数学运用对称的特性获得一系列对称方法和重要结论。例如，对于具有对称性的函数或图形，我们只需研究出其中一部分的性质和做出图像，与之对称的另一部分的性质和图像也就在我们的掌握之中；根据周期函数的值域关于原点对称的性质，可将函数值域是否关于原点对称作为判定函数是否具有周期性的必要条件；凯莱获得任何有限群必同构于一对称群的重要结论；等等。在数学外部，对称思想中的"均衡行为"被广泛应用在日常生活、产品设计、文学艺术、矿物学、化学、物理学等几乎人类社会的一切文化领域中。我们可以在服装设计、室内装潢、音乐旋律中看到大量的对称表现。

文学中的对仗也是一种对称。王维的诗句"明月松间照，清泉石上流"便以对称为表现手法。宋词中，临江仙、唐多令等词牌的上、下阕关于字数、句数是对称的。我国特有的对联更把对称要求提到非常高的程度。分子排列和细胞组织中的对称结构在生物学和化学研究中受到重视。研究表明，人类的跑动也跟动物一样，有时会采用一种简单的对称形式，这一发现目前已被应用于带脚的机器人的设计之中。在矿物学的晶体研究中，分析晶体的对称性已成为一种重要的研究方法，根据已有不同的确定晶体的对称方法判定晶体的对称性及确定其属于六种晶系中的哪一种。杨振宁和李政道获得诺贝尔奖的工作——"宇称不守恒"的发现，就和对称密切相关。另外一个被称为"杨振宁—米尔斯规范场"的著名成果，则是研究规范对称的直接结果。杨振宁先生在回忆他的大学生活时说："对我后来的工作有决定性影响的一个领域叫作对称原理。"他在《对称和物理学》一文中写道：在理解物理世界的过程中，21世纪会目睹对称概念的新方面吗？我的回答是，十分可能。

由以上的例子可以看出，在数学教育中揭示数学与文化间的关系具有如下意义：

首先，其他文化对数学有着广泛的直接或间接的影响，刺激数学发展的绝不限于物理学等自然科学文化，还包括文学、艺术、经济等人文社会科学文化。揭示这种影响，可使学生对数学是如何发展的有进一步的了解，从而增强学生对数学的理解力。

其次，数学从量的关系出发，着眼于模式的研究，并从思想和方法上提供应用。从文化的角度对此进行揭示，不但有助于学生深入理解数学思想和数学方法，而且有助于学生运用数学解决实际问题。例如，对大量的对称现象进行分析，从量的方面概括出轴对称与中心对称两类不同的对称，从而抽象出对称模式。在此基础上，进一步概括出对称模式不过是一种形变（位置、顺序改变）而质不变（形状、大小不变）的变换，这一本质特征的揭示为对称概念的拓广提供了可能。事实上，n元对称多项式$f(x_1, x_2, \cdots, x_n)$的概念便是因此得到的。这类多项式的特点是任意对换n个变元中的两个，多项式$f(x_1, x_2, \cdots, x_n)$保持不变，它不过是形变而质不变的另一种表现形式。而n元对称多项式概念形成后，便为多项式的因式分解、多项式零点的寻求提供了新的方法。举例来说，一旦

我们获得 n 元对称多项式的某一因式，便可推知该多项式还具有一切可能将其余变元替换所得因式的变元后得到的因式。

最后，数学的各个分支间有着密切的联系，揭示这种联系，对于帮助学生理解数学各个分支间的关系，从而提高学习效率十分有益。例如，只要掌握了对称概念形变质不变的本质特征，便可对出现在其他数学分支中的对称概念和对称方法有深入理解。此外，从文化间互动关系的揭示中，学生可体会到数学的丰富性、现实性和生活性，增加学生学习数学的兴趣，开阔学生视野，激发学生的想象力和创造力。例如，从对称概念几乎在数学的各个分支中都出现这一事实，我们可以看到这一现象实际上是人类文化的普遍现象。在人类文化特别是自然科学文化中，概念间本来就存在着亲缘关系，一个新概念一旦产生，人们就会自然地将该概念所反映的事实推广到其他领域。这表明虽然数学思维有它自身的特点，但在大的方面，它与人类的普遍思维其实是相通的。

第四节　数学文化融入高职数学教学必要性

长期以来，高职数学总是作为一种工具性学科被很多人敬而远之，并且认为这门学科与实际生活并没有什么重要的关联，其实，数学不仅是一种知识，也是一种文化，数学在人类的历史中发挥着它独特不可替代的作用，它以其深邃的内涵、广博的文化极大地影响着人类发展的进程和人类的物质及精神生活。然而，传统的高职数学教学重知识、重结论，过于强调解决问题的能力，并且始终被以下几个问题困扰：（1）大量压缩学时，会不会影响教学质量；（2）降低理论要求、删减部分教学内容会不会破坏知识的系统性。而学生为了学习而学习，觉得数学枯燥难学，兴趣不大。最终导致数学的教育功能完全没有实效，如此种种促使笔者对数学教育的现状进行反思：对于数学教育工作者而言，数学教育不仅仅是技术教育，更应着力思考和探讨的是怎样在数学教学中将数学作为一种文化进行传播，可以让学生形成一种既合理又优化的思想认识与思想观念。让数学能够"大众化"一些，让高职数学教育也如"心灵鸡汤"那样可口，那么当务之急是让数学文化融入课堂教学。

一、数学文化融入高职数学教学的必要性

在数学文化的基本观念中，数学不仅是一门学科，也是一种思维方式，更是一种审美情趣。其实数学文化的定义有很多种，例如，数学文化可以理解为通过某种特定的学习途径并获得一定的数学知识之后，所表现出来的特有的行为准则、思想观念以及对待事物的态度。数学文化是数学认知的载体和动力，数学文化课将数学的科学性与文化性有机结合。事实上，随着数学的深入发展，人们越来越深刻认识到，数学与人类文化体系息息相关，

如考古学、语言学、心理学等一些过去认为与数学无缘的学科，现在也都成为数学能够大显身手的领域。笔者认为把数学文化融入课堂的必要性主要体现在以下几点：

（一）社会经济发展的需要

著名的数学家 A.Kaplan 曾说过："由于最近20年的进步，社会科学的许多领域已经发展到不懂数学的人望尘莫及的阶段。"数学的重要性毋庸置疑，随着我国社会经济的快速发展，数学更是渗透到了一切学科的内部，并且与各个学科发生着广泛而深刻的联系，同时对人才的需求，尤其是对中初级技术工人的需求量大大增加。但由于高等职业教育发展步伐的加快，大多数高职学院只注重招生与学生的就业，而忽视了学科文化建设的推进和社会文化的渗透，使得校园文化变得黯然失色，社会文化也将无法提升。因此，社会的进步、经济的发展需要加强校园文化建设，而要加强校园文化建设就必须加强数学文化建设，必须把数学文化融入课堂教学中来。

（二）实施素质教育的基本手段

美国著名数学史学家 M. 克莱因提出："数学是一种精神，一种理性的精神，正是这种精神，激发、促进、鼓舞并驱使人类的思维得以运用到最完善的程度，也正是这种精神，试图决定性地影响人类的物质、道德和社会生活；试图回答人类自身存在提出的问题；努力去理解和控制自然；尽力去探求和确立已经获得知识的最深刻和最完美的内涵。"数学教育是素质教育的一门必不可少的学科，应充分体现具有科学教育和人文教育的文化功能，从而可以实现在课堂教学中对学生精神品格的培养。但现在数学文化在很多高职学院处于"荒漠化"状态，得不到应有的重视，很多学生在应试教育的影响下，被动地接受数学知识，这导致不少学生学了十多年数学而并不真正认识数学科学，当然也不利于学生各方面素质的培养。这是数学教育工作的一种遗憾，数学素质已成为现代人尤其是现代大学生必备的素养之一，有必要让学生通过数学文化的润泽，拓宽视野，加强科学人文修养，以达到提高学生素质的目的。

（三）传递和发展人类文化的有效途径

自古以来，任何文化的继承和发展都离不开一定的载体，数学文化也不例外。数学这门课程，既带给学生显性知识，也包含着古今中外的数学家的情感、态度等观念性的东西，那是隐含在教材中难以用概念来描述的。教师在讲授数学教材的同时，更应该要结合所讲内容，适时地融入数学史的内容、数学知识的来源和背景以及对数学史中的人物特点的评析，也可以穿插数学家在数学发现及运用过程中的逸闻趣事、探索经历等。通过以上途径，有效地引入数学文化思想，使学生领悟到人类奋发向上的精神。就目前来说，数学的重要性虽然正在日益被越来越多的人认识到，但数学文化还远远没有在大众中普及，数学文化是人类认识世界和改造世界的一种思维、工具、能力，是社会历史实践中所创造的物质财富和精神财富的积淀，数学课程作为一种有效途径，应该承担起传递和发展人类文化这一重任。

二、如何将数学文化融入高职数学教学

（一）构建人文知识与科学知识合理配置的数学课程内容

教材是教学内容的载体，教材质量直接影响课程的教学质量。教师在编写数学课程教材，应改变传统的以"数学科学知识"打天下的局面，适当增加人文性知识的分量。这就要通过各种途径寻找与所学内容有关的一些数学发展史和经典数学问题，并善于应用故事化的教学内容穿插教材。比如，可以适时介绍我国古代数学的辉煌成就和数学家的奋斗拼搏史，以激发学生的民族自豪感，增强他们的民族使命感和责任感；也可以通过一些著名哲学故事来激发学生学习数学的兴趣和学好数学的自信心，如在编写"无穷大的历史"时，可穿插阿基米德的"穷竭法"，揭示有限与无限的数学思想，或者在讲"正态分布"时，可以用"决定特定界限内的概率""求特定概率对应的分数界限""正态化标准数"为例说明正态分布的广泛应用。最终能使学生感受到数学与建筑、计算机科学、天气预报等之间的联系，加深学生对数学的理解。

（二）教师应积极为学生营造数学文化环境

兴趣是最好的老师，而在培养和激发学生学习兴趣的过程中，教师对学生的影响尤为重要。为发挥教师在教学活动中的引导功能，教师应在平时不断收集数学典故、史诗及相关数学文化题材，拓宽自己的知识面，只有长时间的积累，才能增长自身数学文化知识，才能在课堂教学中恰当链接丰富的数学文化资源，如数家珍、滔滔不绝地把数学文化传授给学生，为学生营造数学文化环境。

1. 以数学史为背景，揭示数学知识产生和发展的过程

数学文化下的数学教学，并非一种简单的"授予—吸收"的过程，而是学生主动地建构的过程，应具有一种探索型、发展型的数学课堂氛围，所以在教学中要突出学生主体，着眼于学生发展，巧妙地把数学文化融合进来，高职院校教师授课内容以微积分、线性代数、概率论和数理统计初步为主，各章节之间没有明显的逻辑连接，这为介绍数学史开辟了空间。例如，在讲微积分中的极限概念时，可以向学生介绍历史上的三次数学危机，因为其中的第二次数学危机与所讲内容联系紧密，可以讲得详细点：古希腊的数学中除了整数之外，既没有无理数的概念，也没有有理数的运算，但却有量的比例。当时的人们用量的观念来考虑连续变动的东西，这造成数与量的长期脱离。他们对于连续与离散的关系很有兴趣，尤其是芝诺提出的四个著名的悖论（这里可以给学生介绍前两个悖论）：第一个悖论是说运动不存在，理由是运动物体到达目的地之前必须到达半路，而到达半路之前又必须到达半路的半路……如此下去，它必须通过无限多个点，这在有限长时间之内是无法

办到的。第二个悖论是跑得很快的阿希里赶不上在他前面的乌龟。因为乌龟在他前面时，他必须首先到达乌龟的起点，然后用第一个悖论的逻辑，乌龟始终在他的前面。这说明希腊人已经看到无穷小与"很小很小"的矛盾，已经开始思考关于无穷、极限与连续的问题，当然他们无法解决这些矛盾。到了 16 和 17 世纪，产生了许多新问题，如求速度、求切线，以及求极大、极小值等问题。经过许多数学家多年的努力，终于在 17 世纪晚期，形成了无穷小演算——微积分这门学科，这也就是数学分析的开端。让学生了解这些实事，更加深入的理解数学的产生背景与发展，使学生感受到数学就在身边，可以增加学生学习数学的信心。

2. 以数学应用为载体，体现数学的应用价值，渗透数学思想方法

随着社会的发展，数学已经深入所有领域，但现在的学生认识不到从课本中学到的数学知识在自己所学的专业中有多少应用价值，这需要教师有意识地凸现数学的应用价值，在教学中应重视数学在学生专业中的应用，让学生有更多的机会了解数学的应用价值。如在给航海技术专业的学生讲授"球面三角形的边和角的函数关系"时，可以结合他们的专业特点，先向学生介绍历史上几位著名的航海家，其中有葡萄牙的航海家迪亚士，他在 1487 年 8 月踏上远征的航路，于 1488 年发现"好望角"，好望角位于 34°21′S，18°30′E 处。可以让学生把自己想象成是航海家，如果从北京（39°57′N，116°19′E）出发，需要航行多少海里才能到达好望角？这必然会激发学生强烈的求知欲，这个时候引入球面三角形的边和角的函数关系便水到渠成了。

（三）建立新的合理的评价机制

评价往往是努力的向导，如果没有合理的评价机制，想把数学文化充分融入高职数学教学将会碰到很多的困难。在高职学院里，评价学生成绩的还是一份印着密密麻麻大量试题的考卷，如果还是这种评价机制，那谈数学文化几乎是空穴来风，因为学生必然还是热衷于习题训练，对所谓的数学文化就会产生抵触情绪，而教师因为考虑期末考试的合格率，在课堂教学中对数学文化仅仅是蜻蜓点水。因此，要让学生体验到数学文化的丰富内涵，要以培养学生数学素质为目的，就要改变"一卷定水平"的评价机制，应提倡重视过程评价，降低考试评价的比例，所以要实现评价方式多样化、评价主体多元化、评价内容综合化，使评价能够客观真实地反映学生的学习状况和发展状况，并有力地指导数学教与学的活动过程。

综上所述，在高职数学教学中，以数学文化为突破口，揭示数学的知识背景、注重数学的思维过程、加强数学的应用，让数学真正成为一种文化融入课堂教学中，才能使高等数学在学生面前展现出它本该具有的风采和魅力，实现数学在人类发展史中的价值和作用，才能提升学生的科学素质和文化素质，加强现代校园的文化建设。

第五节　高职数学教学中融入数学文化的现状和策略

2018 年 9 月 10 日，习总书记在全国教育大会上发表重要讲话，谈到"要培养德智体美劳全面发展的社会主义建设者和接班人"，在讲到培养什么样的人时强调"要坚定理想信念、厚植爱国主义情怀、加强品德修养、增强综合素质"，这就进一步要求教育要坚持"以人为本"。高职教育具有更强的职业性，在"一带一路"这个大的国际背景下，除了培养学生的专业知识和技能外，还应大力提升学生的人文素养才能顺应时代要求。数学是科学的基础，作为基础课，它对培养学生的逻辑思维和理性修养所起到的作用是其他任何一门学科都无法企及的；另外，数学又是不可被取代的工具科目，它对提升学生的专业素养起到了极大的推动作用；再则，数学文化所蕴含的数学家严谨的治学态度、不屈不挠的求学精神、功成而不忘根的报国志向等，都对学生有积极的影响。因此，在高职数学教学中融入数学文化，可有效地促进学生增强人文道德修养和综合素质。

一、高职学校数学课堂教学存在的问题

（一）学生基础知识和学习习惯差

高等教育的不断扩展，使得高职学校的入校门槛不断下降，造成高职学校学生的文化知识普遍偏低，连初中的数学知识都有问题的学生不胜枚举，再加上数学逻辑性、连贯性极强，这就使本身就谈数学而色变的学生对高职数学更是望而生畏了。另外，这些学生学习习惯和自控力较差，极易受到不良影响，使课堂教学效率不断降低。

（二）认识思想落后，教学模式传统

高等数学相较初等数学有更强的抽象性，又由于数学固有的学科特点使得数学课堂稍不留意就会变成程序化机械式的教学形式，再加上对数学学习的认识仍然停留在传统的"以知识为本"的观点上，让大多教师上课时依然采取传统的"黑板＋多媒体"的教学模式和"定理＋证明＋例题＋练习"的教学形式，让课堂单调又乏味。与此同时，高职学校其他课堂很容易就能将讲授、模拟教学、实践操作、观摩学习等多种教学模式结合起来，课堂生动活泼、学生参与度极高，两两相较，学生对数学课就更难接受了。

（三）对数学重视程度不够，缺少人文教育

对于高职院校而言，数学是非专业课，分给数学课的课时十分有限，同时还要完成教学任务，使得老师上课时不得不采取传统的教学模式，重知识而轻文化素养。这样就让教

师在课堂上更加关注知识的传授，而忽视了与学生的交流沟通，师生之间互动不够，不能调动学生的积极性，久而久之，学生产生抵触情绪，就更不愿学习数学了。

二、高职数学教学中融入数学文化的具体举措

要提高学生在数学课堂上的学习效率，首先应提高学习兴趣。为此，一是改变教学模式，二是改善学习内容。由于数学本身理论性极强，要使上课形式符合学生需要已然不易，若同时还要完成教学任务，更是难上加难。因此，改善教学内容是吸引学生兴趣的合理途径。数学是一切科学的基础，并且在数学课堂上嵌入数学文化更能水到渠成，因此将数学文化渗透在高职数学课堂教学上是提高教学效率、增强学生综合素质的有效举措。下面，笔者将对如何有效地在课堂上融入数学文化浅抒愚见：

（一）改变思想，教学要"以学生为本"

传统的数学课堂总是将概念、定理、推理、计算等看得尤为重要，而高职学生本来基础就不好，缺乏学习动力，对这些纯理论的东西甚是反感；再则，在这个信息爆炸的时代，知识性的东西脱手可得，只要学生愿意，随时随地都可以学到书本上的知识，但是教师在上课过程中传递给学生的思想、方法、观点却是其他途径不能取代的。因此，上课时应注重对数学思想、方法等的传授，以学生为本。

（二）将数学文化和数学基础知识有机融合

上课过程中，应以数学教学内容为载体，将知识点所涉及的数学家、数学史、数学方法和思想、实际应用等随着教学内容娓娓道来，要做到"为讲知识而讲文化"，不能舍本逐末。这样，既可吸引"低头族"的注意，调节课堂气氛，还能让学生在学习数学知识的同时增强人文素养。

（三）利用现代技术，合理改变教学手段

虽然对于数学课堂而言，要全面改变教学模式和上课方法不太现实，但我们可利用现代技术手段辅助课堂教学，通过多媒体将数学中一些抽象的知识以图像、动画等形式形象地展现在学生面前，让学生直观感受到数学的魅力。

总之，高职数学教学应改变传统的教学观念和模式，将数学文化融入课堂教学中，可进一步体现学生的主体性，能帮助学生学习专业知识、提升人文素养、增强综合素质。

三、数学文化融入高职高等数学的路径

（一）加强教师自身的数学文化素养

要将数学文化融入高等数学教学中，首先要求教师在数学文化方面有充足的知识，不

是几个简单的数学文化案例、数学家的故事给学生讲讲即可。教师的数学文化知识需要长期日积月累，应不断地学习和钻研各种书籍文献，寻找优秀的数学文化课程，借鉴其他高校好的做法，再结合学生的特点和专业，选取适合学生和专业的数学文化知识。

在学习数学文化知识方面，向教师推荐莫里斯·克莱因的著作《古今数学思想》《西方文化中的数学》《数学确定性的丧失》，蔡天新的著作《数学与人类文明》《数学传奇》，易南轩、王芝平的著作《多元视角下的数学文化》，张奠宙的著作《中国近现代数学的发展》，《数学文化》期刊，南开大学顾沛教授的国家级精品课程——数学文化，北京航空航天大学李尚志教授的精品视频公开课——数学大观，汪晓勤的通识限选课程——数学文化等优秀的书籍和课程。关于数学文化的书籍、课程和资料在网络上非常丰富，需要教师认真仔细地去寻找和学习，转变为自己的课程资源和学生的阅读材料。

（二）从教学内容中切入数学文化内涵

对于高等数学而言，每节课的知识教学目标是已知确定的，任课教师应根据高等数学的教学内容，不断地挖掘与教学内容相关的数学文化知识，确定相应的文化素质目标。如对于函数极限这个教学内容，挖掘出中国古代数学家刘徽的割圆术思想，延伸出祖冲之根据这一思想计算出圆周率为 3.141 592 6，领先世界将近千年时间。再简单介绍近代中国数学落后的原因及目前我国数学发展水平，使学生了解中国古代数学发展的辉煌成就，激发学生的爱国主义精神和学习热情。给学生布置查阅与穷竭法相关的课后作业，学生通过相关的查阅学习，了解希腊几何学的严谨精神及穷竭法与微积分的关系，了解人类是如何继承发扬古人的知识和思想的，从而培养学生认真学习人类智慧和严谨工作的态度。导数的定义可以从牛顿的物理学和莱布尼茨的几何学讲起，虽然解决问题的实际背景不一样，但是抽象出的本质是完全一致的，从而使学生明白要从不同角度看待问题，数学来源于实践并应用于实践。可以给学生布置课后作业——查阅笛卡儿、费马和直角坐标系的关系，学生通过学习，可以了解笛卡儿用方程表示曲线而建立直角坐标系，费马用曲线表示方程而建立直角坐标系。同时学生可以认识到直角坐标系在数学发展历史中所起的重大作用，从而培养学生从不同角度思考、解决问题的能力及创新思维。

（三）从专业中切入数学文化内涵

不同专业学生在学习高等数学时融入的数学文化内容应该有所区别。高等数学的学习主体往往是大一新生，对专业并不是很了解，尤其对数学在专业发展中所起的作用更是所知甚少，因此，数学文化内容的选取应该有助于学生深入了解数学在该专业发展的作用，从而使学生更加重视高等数学的学习和应用。对于计算机类的专业，讲解导数定义和布置课后作业时，可以重点查阅中国的八卦图、莱布尼茨的二进制和计算机的关系，使其了解中国文化输出对西方科技发展的影响及计算机设计的数学逻辑思路。从而培养学生对中国优秀传统文化的自信心，坚定弘扬和传播中国优秀传统文化的决心。可以介绍吴军的著作

《数学之美》，用通俗易懂的语言介绍数学知识在前沿 IT 领域的应用。对于经济类的专业，讲述用数学模型解释经济现象，指导国家经济宏观调控发挥的重大作用，数学家冯·诺依曼、约翰·纳什等在经济领域所作的卓越贡献以及他们战胜病魔、勇往直前的人格魅力。

（四）以学生为中心的高等数学课程改革

网络课程的线上线下学习交流方式是今后高校教学改革的一个基本方向，学生应该在数学文化的学习中起主体作用，教师在线上或者课堂上布置相关的数学文化作业，建立考核评价体系，学生课后利用业余时间，借助图书馆和网络等资源独立完成作业后在线上提交，并让学生在课堂上讲述数学文化，教师进行点评、补充、总结和考核。学生在完成作业的过程中，数学文化知识入脑入心，有利于提高学生的数学文化素养，形成良好的学习习惯。

（五）开设数学文化公共选修课

教师应不断地学习和积累数学文化知识，通过整理与系统设计，开设适合本校学生学习的数学文化课程，为对数学文化感兴趣的学生提供一个较好的学习平台。对于高职学生来说，数学文化选修课的内容选取一定要有趣味性和欣赏性，通俗易懂，不能有复杂的定理公式、计算过程和没有学过的数学语言，应将重点放在数学发展史、数学人物、数学审美、数学应用和数学好玩等方面。如讲述古希腊数学文化和中国古代数学文化，通过对比学习，使学生明白各自的优缺点和高度的互补性，以及它们在现代数学发展中各自所起的作用；通过一元三次方程求根公式，讲解数学家费罗、塔塔利亚、卡尔达诺、费拉里、阿贝尔和伽罗瓦等在探索知识的道路上所付出的巨大努力和取得的成就；讲解黄金分割比在自然界和现实中的应用以及几何在绘画中的应用等知识，提高学生的审美能力；讲解非欧几何和分形几何等数学发展前沿知识，开阔学生的视野；讲解数字游戏和幻方等内容，娱乐数学，让学生带着愉悦感学习数学文化选修课。

在高等数学课程教学中，数学文化有助于培养学生的人文素养，提高学生学习高等数学的兴趣。丰富的数学文化内容对教师提出了更高的要求，教师要有正确的数学教育观，准确理解和把握数学文化的内涵，在数学文化融入高职高等数学教学过程中要积极实践，不断探索，勇于创新。通过数学文化的渗透，让大学生感受文化的熏陶，健全学生的人格，提升其审美素养，引导学生树立正确、合理的文化价值取向，提高大学生的综合素质。

第六章 哲学文化思想在高职数学课程中的体现及案例

数学与哲学，都与人类文明同样古老。有人说数学的极致是哲学。哲学是关于自然知识、社会知识和思维知识的概括和总结，是研究整个世界的普遍本质及规律的科学，而数学是研究现实世界空间形式和数量关系的具体科学。数学与哲学具有密切关系，数学中充蕴含丰富的哲学思想，因此在数学教学中，要自觉地研究数学与哲学的内在联系，了解哲学思想在数学上的具体表现，并主动运用哲学思想去体验数学、感受数学和学习数学。

第一节 数学与哲学文化的关系

马克思主义哲学是科学的世界观和方法论的统一，是研究自然科学的理论基础，它为人们的实践活动提供了具有普遍意义的工作方法和思维方法。数学和哲学在人们不断认识大自然，认识自我的过程中都发挥了重要的作用，也都得到了极大的发展。数学与哲学都具有高度的抽象性，它们之间存在着密切的联系。数学的发展加深了对哲学基本规律的理解，丰富了哲学的内容。数学严密的逻辑性使得哲学家都重视对逻辑的研究和运用，哲学家经常用数学的研究成果来论证他们的哲学思想，或者是对数学的一些研究成果进行抽象概括，建立哲学理论，推动哲学的发展。反过来，数学历来都是哲学研究的对象，哲学作为世界观，为数学发展起着指导和推动作用。法国数学家努瓦利斯曾经说过"数学是朴素的哲学"，而捷克的数学家、哲学家波尔达斯则说"没有哲学，难以得知数学的深度"，这两句话充分表明了数学的本质是哲学，数学与哲学之间是一个相互依存的关系。有人说：哲学与数学是一对孪生兄弟，密不可分。哲学思想是指导人们行动的方法论，对各学科的学习和研究都有指导作用。在高等数学学习和教学中，哲学的思想显得很突出。在学生已了解一定的哲学基本原理的基础上，在高等数学的教学过程中，有意识、有目的地用哲学思想作指导，显得更加重要和有意义。它能使高等数学的教学更加活跃，更加完善和富有新意。数学与哲学互相作用，互相渗透，密切联系，主要表现在以下几个方面。

一、数学史上的三次"数学危机"都与哲学有关

第一次数学危机是指毕达哥拉斯悖论。他们一直认为宇宙间一切事物都可归结为整数或整数之比。可是在勾股定理的应用中他们却发现了一些直角三角形的斜边不能表示为整数或整数之比的情形，如直角边长均为 1 的直角三角形就是如此。这一悖论，接触犯了毕氏学派的根本信条，导致了当时认识上的"危机"，从而产生了第一次数学危机。这个悖论表明，几何学的某些真理与算术无关，几何量不能完全由整数及其比来表示，反之却可以由几何量表示出来，为此整数的权威地位开始动摇，而几何学的地位开始升高了。第一次数学危机使得数学家们正式研究了无理数，给出了无理数的严格定理，提出了一个含有有理数和无理数的新数类——实数，并建立了完整的实数理论。这样，第一次数学危机告一段落。第一次数学危机的产生导致了数域的扩展，为数学的发展做出了不朽的贡献。

17 世纪，牛顿和德国数学家莱布尼兹首创了微积分，当时微积分只有方法，没有严密的理论作为基础，许多地方存在着漏洞，使得英国哲学家贝克莱的矛头直接指向了微积分的基础——无穷小的问题，导致了第二次数学危机的产生，即贝克莱悖论——无穷小是零吗？由于第二次数学危机的出现咄咄逼人，数学家们不得不认真地对待"无穷小量"，设法克服由此引起的思维上的混乱，去解决问题。在这一悖论的解决上法国数学家柯西起了举足轻重的作用。他建立了极限理论，提出了"无穷小量是以零为极限但永远不为零的变量"，把微积分建立在坚实的极限理论之上。悖论所产生的危机使得数学衍生出新的问题，接着解决这些问题，使得数学逐渐形成新的理论体系，不断完善。所以说数学发展到一定的阶段，危机就成为推动数学发展的主要动力。

数学史上第三次危机是伴随突然的冲击而出现的。这次危机是在康托的一般集合理论的边缘发现悖论所造成的。其中最著名的是英国数学家罗素所给出的"罗素悖论"，它涉及某村理发师的困境。理发师宣布了这样一条原则：他给所有不给自己刮脸的人刮脸，并且，只给村里这样的人刮脸。当人们试图回答下列疑问时，就认识到了这种情况的悖论性质："理发师是否自己给自己刮脸？"如果他不给自己刮脸，那么按原则就该为自己刮脸；如果他给自己刮脸，那么他就不符合他的原则。当然这是通俗化的一个比较具体的例子。罗素悖论的出现使整个数学大厦动摇了，这一动摇所带来的震撼是空前的。罗素认为：要避免悖论，只要遵循消除恶性循环的原理："凡是涉及一个集体的整体对象，它本身不能是该集体的成员。"为此，罗素提出了至今仍然是数理逻辑中的主要系统的分支类型论。最终，经过数学家们的许多努力，对集合的任意性加以适当的限制，共同形成了一个完整的集合论公理体系，不仅消除了罗素悖论，而且消除了集合论中的其他悖论，第三次数学危机也随之销声匿迹了。

这三次"数学危机"都和数学家及其哲学思想相联系，伴随着哲学家之间激烈的论战，反映了尖锐的哲学思想的斗争。历史表明，"危机"大大促进了数学基础的奠定工作，数

学在攻击的洗礼中不断完善和发展，同时说明，在新学科产生的时候，总是唯心主义者首先加以反对，而实践又总是证明，利用新理论暂时的逻辑上的困难所制造的"危机"虽然可能暂时阻碍理论的发展，但必然随着新理论的基础的完善而消失。科学就是在这种不断战胜各种唯心论和形而上学的过程中发展和完善的。

二、历史上很多知名的数学家也是有影响的哲学家

古希腊的泰勒斯（公元前 624—前 547），是著名的哲学家，希腊几何学的鼻祖，也是天文学家。

古希腊的毕达哥拉斯（约公元前 580—前 497），是古希腊数学家、天文学家、哲学家，还是音乐理论家。他的哲学基础是"万物皆数"。

古希腊的德谟克利特（公元前 460—约前 370），是唯物主义哲学家，"原子论"的创立者，又是几何学家。他利用"原子论"的观点解决了许多几何中求面积和体积的问题，他是第一个得出圆锥的体积等于等底等高的圆柱或棱柱体积的三分之一的人。

法国的笛卡儿（1596—1650），是数学家、哲学家、物理学家，解析几何的奠基人之一。他于 17 世纪上半叶划时代地在数学中引进了变量概念和运动的观点，被恩格斯赞誉为"数学的转折点"，他导致了微积分的诞生，进而推动了自然科学的发展。《几何学》虽是这位著名哲学家的唯一一篇数学著作，然而它的历史价值却使笛卡儿的名字在数学史卷上写下了重重的一笔。

法国的莱布尼茨（1646—1716），是德国的数学家、哲学家、科学家。他独立创建了微积分，并发明了优越的微积分符号。他在哲学上是客观唯心主义者，"单子论"是他的著名哲学观点。

三、历史上很多哲学家及其哲学思想影响着数学的发展

例如：亚里士多德、柏拉图、马克思、恩格斯等人，其中亚里士多德的公理化思想促进了几何学的诞生和发展，柏拉图对严密定义和逻辑证明的坚持促进了数学的科学化。特别值得一提的是，革命导师马克思和恩格斯精通数学，对将变量进入数学给予了高度评价，并直接考察了无穷小量。他们的工作对于实无穷小的建立具有一定的启发性。

四、数学与哲学相互促进，共同发展

哲学作为世界观，指导着数学的研究与发展方向，促进数学的发展；哲学作为方法论，为数学提供认识工具和探索工具，提高研究数学的效率。数学影响着人们的哲学观点，并遵循哲学中所阐述的基本规律而产生、变化和发展。对数学获得的新成果和思想方法的重大进展，从哲学的高度加以总结概括，可以丰富和发展哲学本身的形式和内涵。

数学是关于现实世界空间形式和数量关系的科学，而现实世界总是在自身固有的矛盾斗争推动下，按照一定的规律运动、变化和发展的。高等数学是人类文化的重要学科，放眼大千世界，变化与发展始终是万事万物的根本主题，没有变化的事物不存在，没有变量的研究也是不完整的。作为数学的一类，高等数学把对变量的解析当作自身的根本目的。事物发展中，变量间有着千丝万缕的联系，不仅体现为外显的行为与规律，也具备内隐的脉络与本质，二者间更是蕴藏了探究不尽的哲学思辨，因此，高职数学教学必须以哲学观点作为它的指导思想。

连续的变化状态是维系数学这个体系的基础，因为变量关系是数学的主要研究对象，尽管这个变化有时会有间断的现象，即使连续，也有一致与否的问题使之成为相对概念，但是，对于微积分等高职数学的重要理论，连续仍是构造其持续状态的基本前提。同时，连续还将高职数学中微观与宏观的变化联系起来，使高职数学具备了刻画状态与揭示规律的双重作用。连续的变化导致极限的存在，它是事物发展中某些条件达到极端却不失一般的状态，反之极限存在也可判定连续的有无，哲学上它们是辩证统一而相互制约的关系。极限关注到无穷的特殊性状，不仅包括持续递增的无穷大，也包括无限逼近某点而不具度量特征的无穷小，后者蕴含哲学上"有""无"相生的道理，同时也将有限与无限的思想联系了起来。无论连续还是极限，都是广泛且不仅存在于两个相互影响的事物的，随着维数的增多与规律向一般的扩展，思想上可推广到多个事物的情形，而就本质而言，只有"多"才是更为普遍与一般的，因为它并未限定矛盾的个数，在这个意义上，"一"也是"多"的一种形式。多元函数的引入首先立足于几何结构向空间的延伸，这就使变量的区间成为三维的区域，高职数学的众多理论在此区域下有着新鲜的定义，但究其本质，这与原先的定义仍是统一的。同时，自然空间的三维不是"多"的唯一刻画，不能直接观察的高维同样具有不失一般的推广价值，这就涉及了认识局限性及内容与形式在一定条件下的辩证关系。高等数学中有重要的基础理论，如微积分与变化中函数的依存，后者部分表现为有广泛现实意义的微分方程，这些理论对"存在"的本质关注逻辑上有着高度的统一，即无处不在的微观变化、具体形态的宏观改变和建构关系并制约过程的变化规律，每一点极限与区间上连续间建立了联系。结合多元函数的思想，除这里的区间外，连续还建立于二维区域甚至更高维的理想空间，极限也中左右的逼近变为多向的包围而显得更加密集，由此带来更为复杂的依存状态与解析方程，进一步说明数形辩证的同时不失一般性，从而更好地揭示自然本质。这里要说的首先在于高职数学研究对象的辩证统一，重点则在能为与所为。事实上，作为同一体系中的重要组成，这种关系是不言而喻的；其次，高职数学研究的是变量关系，超脱研究对象的具体状态，变化的发生发展及其依托的客观条件有着同样重要的价值；再次，高职数学的研究对象与其变化规律间也有辩证统一的关系，变化是对象的变化，没有对象与其本性变化不会存在更无从遵循，反之，一定的变化规律制约了研究对象的可能性状，脱离其中的对象只能是偶然而在整体尺度下不具代表意义的。

高等数学的哲学思想是鲜活的，否认它的存在与发展不仅是无用而且是有害的，这将导致已知与未知的悖论而使数学的每一步都发展怀疑到本质或做出妥协而举步维艰，因此高等数学的哲学研究具有很强的现实意义，具体学科的研究中应该呼吁对其进行切实、完整、本质而不是仅仅局限于数理逻辑的考察。这样做尽管会招致一时的困难，可是当其成为习惯，最终受益的是数学更超越数学，因为它在成为更完善解析工具的同时更成为有力的思想工具，使学科研究得到莫大的好处。

数学哲学正处在不错的发展阶段，然而在这种发展下却潜藏着危机，这绝不是危言耸听，而是由学科纷繁复杂的情况下相对缺乏思想高度上的联系决定的。要真正认清数学思想的哲学本质，绝不能将数学哲学当成一门独立发展的学科乃至成为某种程度上的玄学，而是应将本原性的哲学思想融入数学的完整体系。并且某种程度上，数学哲学也不是一门独立的哲学或因此而能涉及哲学中的某些部分，甚或只是数理的逻辑层面，其实只要是哲学中能够阐发相关思考的地方，都应可以拿来所用。这种状况下的数学哲学会逐渐消隐专门学科的身份，但是也只有这样才能为数学中蕴含的哲学思想注入活力，并进而明晰数学结构的方方面面，发挥其应有的指导作用。这是一种认识到数学衍学本质思想的智慧，其直接指向了数学理论从产生到发展的根本所在。不要说数学直接脱胎于对自然中数形结构的思考，如果没有相关自然本质的哲学提炼，如无穷、连续，数学体系的建构与发展也是空中楼阁，而一堆毫无实质意义的数学符号或公式，即使在逻辑结构上再严密，也丝毫不能体现揭示自然本质的根本价值。

第二节 数学教育哲学文化的发展

一、数学教育哲学研究概述

国内数学教育哲学的研究始于 20 世纪 90 年代，相较于数学教育的其他研究领域，数学教育哲学的研究还较为薄弱。其中，南京大学郑毓信教授的《数学教育哲学》一书更是为后继中国数学教育哲学的研究奠定了基础。然而，纵览这十多年的数学教育哲学研究，大致来说包括以下几个方面的内容。

（一）研究对象的逐步明晰与深化

一个相对成熟的研究领域肯定有其明确的研究对象。正因此，研究对象的明晰和确立成为数学教育哲学研究的首要问题。其中，郑毓信和黄秦安的观点较具代表性，在郑毓信看来，数学教育哲学的研究应包括 3 个方面的内容，即"什么是数学""为什么要进行数学教育""应当如何进行数学教学"，而黄秦安则在数学教育哲学定义的基础上对数学教育哲学的研究对象进行了说明，其所涉及的内容较为广泛，如"数学教育本体论""数学教育认识论""数学教育方法论"等，而其基于学科形式和学科特征，初步将数学教育哲学的研究划分为两个层面或两个维度：一是数学教育的哲学基础问题；二是对数学教育目的、过程、问题和现象的哲学（或者更广义一些，元意义）思考。

（二）研究视角的多元化

随着数学教育哲学研究的深入，其研究视角呈现出多元化趋势。如从科学和教育的立场对数学意义的探究。具体来说，以科学的立场来审视数学，其是时代的特征、美妙的乐章、科学的皇后、仆人以及伙伴；而从教育的立场来看，数学是具备公民资格的前提，数学是现代人的基本素质，数学培养人的优秀品质，数学教人思维，数学提升审美能力，数学促进人的终身发展；从哲学的视角来审视数学的人文价值，即数学既有科学的内涵，又具有丰富的人文价值。再者，从学科形式和学科特征来审视数学教育哲学，即"数学教育哲学"是一门复合交叉学科，它不是两门学科的交叉（比如数学教育或数学哲学），而是三门学科的交叉，这种交叉呈现出符合叠加效应，因此其学科形式是丰富和复杂的。与此同时，在多元的研究视角下，其学科特征和方法论的认识也更为具体和丰富。譬如，数学教育哲学主要是一门基于哲学思辨的跨学科的基础理论研究；要认识到数学教育具有其特有的复杂性；数学教育哲学关注的不是数学教育的某一个局部和侧面，而是数学教育的全过程；数学教育行为应该尊重数学教育的规律，尤其是数学的教与学的规律；数学教育是教育的有机组成部分，是科学教育的核心知识载体；数学教育具有鲜明的社会性、文化性和历史性；在方法论方面，数学教育哲学强调整体观、强调理论源于实践并对实践有指导意义；与数学教育哲学紧密相关的学科是数学、哲学、数学教育、数学哲学和教育哲学。

（三）理论研究更加关注其实践指导意义与价值

相比于数学教育其他领域的研究，数学教育哲学较为抽象和远离现实的数学教学。然而，数学教育哲学也并非"屠龙之技"，其对数学教育和教学实践具有非常重要的价值。因而，数学教育哲学研究者在一般和抽象的层面对数学的基本性质、特征、形式等对深入探讨时，他们也在思考其在数学教育和教学实践中的渗透和转换。如有的研究者认为数学史是数学哲学向数学教学渗透的一个重要渠道，应发挥数学史和数学教育哲学之间的良性互动。

此外，21世纪初的课程改革也引发数学教育哲学研究者从数学教育哲学的角度来思考课程改革的问题，为课程改革中数学教育和教学的正确前行提供方向。

总的来说，这十多年的数学教育哲学研究是在20世纪90年代基础上的继续前行，其在对数学教育哲学的研究对象、学科性质、特征以及与实践的关联等方面都有所推进。然而，在其后续探究过程中，可能需要研究者思考怎样从数学教育本身引出相应的哲学问题。或许这是数学教育哲学区别于教育哲学、数学哲学甚至哲学的本质所在，而这同时也是其学科生命力长存的关键。

二、关于数学教育中数学文化的研究

文化是近些年教育领域内比较热门的话题，无论是教育教学实践，抑或理论的探索，文化往往成为教育研究和实践的着力点。数学教育领域也不例外，从文化的视角来审视数学教育同样是数学教育哲学研究的一个重要组成部分，具体来说，作为数学教育哲学研究"重要补充"的数学文化研究大致包括以下几个方面。

（一）理论研究的层级化

若从理论层面来审视这些年的数学教育中数学文化的研究，其中约略可见以下 3 个层面的论述：

第一，对"数学文化"所做的前提性思考。数学能否视作一种文化，这是数学教育学者探讨数学文化时首先面对的问题，因而，研究者在思考数学教育中的数学文化时，通常将"数学作为一种文化"来进行思考的可行性作为研究的前提。如有的研究者从数学抽象、数学语言、数学应用等方面思索数学与人类社会文化的关系；而有的研究者则认为数学本身即是一种文化，因而数学是一种特殊的文化形态，是人类文化的主要组成部分，并且数学是一种文化精神，它可以进入人的观念系统影响人们的世界观和人生观。

第二，在明确数学是一种文化的前提下，探究数学文化的内涵及其主要特征，如有的研究者从数学文化、数学的文化观念、数学的文化价值等方面辨析了数学文化的内涵，并认为数学文化可以从数学家和一般大众两个层次上予以理解，从数学家群体出发，数学文化是指数学家所特有的行为方式，从一般大众的角度出发，数学文化是指数学在观念或信念等方面对人们产生了如此重大的影响，以至在很大程度上可被看成相应的整体性社会文化的决定性因素。而有的研究者认为数学文化是真、善、美的统一体，其主要特征是：数学文化是传播人类思想的一种基本方式，作为人类语言的一种高级形态，数学语言是一种世界语言；数学文化是自然社会人之间相互关系的一个重要尺度；数学文化是一个动态的充满活力的科学生物；数学知识具有较高的确定性，因而数学文化具有相对的稳定性和连续性；数学文化是一个包含自然真理在内的具有多重真理性的真理体系；数学文化是一个以理性认识为主体的具有强烈认识功能的思想结构；数学文化是一个由其各个分支的基本观点思想方法交叉组合构成的具有丰富内容和强烈应用价值的技术系统；数学文化是一门具有自身独特美学特征功能与结构的美学分支。如若从文化学的角度来看，数学文化还包括继承性、地域性和超地域性，时代性和超时代性等特性。此外，从静态和动态的角度来看，数学文化是人类在数学活动中所积累的精神创造的静态结果和所表现的动态过程。其中静态结果包括数学概念、知识、思想、方法等自身存在形式中真、善、美的客观因素，动态过程包括数学家的信念品质、价值判断、审美追求、思维过程等深层的思想创造因素。更有研究者从数学文化一同的结构出发，认为数学文化的含义应理解为文化意义下的数学。

第三，从数学观与数学文化相互影响和关联的角度来探究数学文化。如数学文化研究所意欲表达的是一种广泛意义下的数学观念，即不仅超越把数学视为一门科学知识和理论体系的单纯的科学主义观念，特别是从对数学的单纯的科学性（特别是其自然科学性）理解中摆脱出来，而且超越把数学作为以本体论、认识论、方法论为主线的数学哲学观念，而把数学置身于其真实的历史情境、文本语境、数学共同体以及迅猛变革的现实社会文化背景之中，超越数学分支过度专业化的藩篱，从更为广阔的视角去透视数学，领悟数学的社会意义和文化含义，从宏观角度探讨数学自身作为人类整体文化有机组成部分的内在本质和发展规律，并进而考察数学与其他文化的相互关系及其作用形式。与此同时，数学文化观念下的数学价值和功能的基本定位是反对关于数学的任何片面的、固定的和狭义的理解。除此之外，也有研究者从学术形态、课程形态和教育形态等 3 个方面来探究数学文化的不同特性。

（二）数学教育更加关注数学文化的教育价值与功能

数学文化的探究赋予了研究者审视数学和数学教育新的视角，其中，数学文化的价值和功能是最为关注的一个层面。如有的研究者认为，数学文化的基本观念中数学被赋予了广泛的意义，数学不仅是一种科学语言、一门知识体系，而且还是一种思想方法、一种具有审美特征的艺术，进而，在此基础上的数学素质含义应予以新的阐述，即数学素质的本质是数学文化观念、知识、能力和心理的整合，其实现关键在于充分体现数学文化的本质，把数学文化理念贯穿到数学教育的全过程中。此外，也有研究者指出，数学教育应充分重视对数学本质的文化意义的揭示；数学教育应充分揭示数学的精神意义；数学教育应充分揭示数学文化与人类文化间的关系。再者，数学文化的研究可以丰富数学教育的内涵，可以作为数学知识的载体，可以作为感性认识到理性认识的桥梁。

（三）数学文化促进了数学学与教的改进与变革

如同数学教育哲学一样，数学文化的探究最终的落脚点依然是数学的学与教，正因此，数学文化的探究离不开其对数学学与教的审视和反思，进而改进和变革数学的学与教。而如果缺少数学文化对数学学与教学的关涉，数学学习可能会像猪八戒吃人参果，不知滋味。如从表现形态来分析数学文化中数学学习的特性，即数学学习的"文化"特征表现为群体的活动性，文化学习的"数学"课程表现为系统的开放性以及数学文化的"学习"过程表现为知识的默会性。而融合数学科学于其内的数学文化之视域中的数学学习及其具有的游戏性、流变性和融惯性等特征能更好地促进学生的数学学习。基于此，其数学学习的构想可以是系统地设计内蕴人类社会的数学历史经验，学生个体的经验及其"整个人"，学生个体或群体的数学学习经验，学生个体或群体逐步系统化的数学知识，数学观念、思想、方法，数学语言和数学意识、能力、习惯等有机结合的学生数学学习的思维结构与过程；理性地明确"'数学地思考'就是'在大脑中'解决问题"这一信念；具体地落实"'定法多用'也能够促进学生发散思维的发展"这一命题。另外，对于教师来说，数学文化视域中的数学教师应该追求"超越"水平的数学教学，而这种"超越"水平的数学教学则应充分体现"整体、联系与转换""留有余地"和"备而不'课'"等特征。除此之外，数学文化观念有利于教师和学生树立适当和视野更为广阔的数学观、科学观和世界观，有助于数学课程的恰当定位和加深对数学教学活动本质的认识，有利于促进各级各类学校中教学的文理交融并且数学文化观念之下的学习方式将会更加接近数学知识的生成过程，更接近于学生真实的认识与思维活动。进而开阔学生自我超越的精神空间，促进学生整体认知结构的形成与发展，培养和提升学生的数学科学文化素养。

概而言之，数学文化的探究涉及较多的层面，而课改的推波助澜，某种程度上凸显了数学文化在数学教育研究中的地位，然而，研究者对于数学文化的理解，可能局限于诸如"数学是看不见的文化""数学的形式美""数学是思维艺术"等肤浅的，有点似是而非的论证。这些论述无疑阻碍了数学文化对于数学学与教的审视和反思。鉴于此，有的研究者提出，数学文化的研究需最大限度地整合数学史、数学社会学、数学思维、数学艺术、数学美学等研究，且应从数学和文学、数学与美学、数学与伦理同多侧面来开展微观数学文化的研究。而在我们看来，后继的数学教育中数学文化的研究可能需要研究者从哲学层次上对于数学文化进行深入的思考，如此，数学教育中的数学文化研究才能有质的突破。否则，其可能沦落为华而不实的学术假象。

仅从"数学教育哲学研究"这一表达来看，数学教育哲学研究可能有两类不同的研究路向，一是"数学的教育哲学研究"，即从数学本身的特性出发，并在教育哲学的视角内形成数学教育哲学研究（可参见拉卡托斯的相关研究）；二是"数学教育的哲学研究"，即从数学教育的特性出发，并以哲学的视角来予以审视，进而形成数学教育哲学研究（可参见郑毓信的相关研究，其在《数学哲学与数学教育哲学》中提到："纯数学的研究并不能完全取代相应的哲学分析，毋宁说，数学自身的发展更加凸现了深入开展数学哲学研究的必要性"，而这或可表明其数学教育哲学研究的基本立场）。此外，两种研究路向也各自具有两种不同的致思之径。对于"数学的教育哲学研究"来说，一是由对数学的理解和认识的基础上，形成相应的数学教育衍学的观点；二是在数学哲学的认识和理解之上，形成数学教育哲学研究。就"数学教育的哲学研究"而言，一是由数学教育中的问题衍生出相应的哲学问题，从而在一般的层次对其进行探究；二是基于某一或某几种哲学立场，对数学教育进行审视、反思和批判。如此，数学教育哲学研究一般具有4种不同的研究路径。当然，此种划分可能会有些机械和割裂，但是此种分析时能有助于研究者在后继的研究中明晰各自研究的方向。换言之，在某一领域刚成型之时，杂糅性可能是其无法避免的，而在其深化之际，杂糅性可能会对研究的深入有所牵绊。另外，明确数学教育哲学的致思之径并不是将4种方式对立起来，如仅基T1某一或某几种哲学立场，对数学教育进行审视、反思和批判。而是在某一路向认识的基础上，对数学的特性和数学衍学进行深入认识。不同致思之径只是数学教育哲学研究的认识方式，其结果所统摄的内容可能在每个方面都有所涉及。

　　无论是数学教育哲学研究抑或数学文化的教育哲学探索，其都从一般层面对数学教育问题进行审视和思考，而在这审视和思考的过程中，其致思的路径、方式及其对实践的启示可能是多元的。在面对这些多元的研究路径、方式和实践尝试时，可能需要数学教育哲学研究者具备多元的视界。

第三节　哲学文化思想在高职数学课程中的体现

　　高职数学的显著特点是以函数作为研究对象，以极限工具讨论函数的连续性、可导性和可积性等分析性质。数学处处充满了对立统一、量变质变、否定之否定等哲学思想，是"辩证的辅助工具和表现形式"。

一、对立统一的观点

　　对立统一规律揭示了客观存在具有的特点，任何事物内部都是矛盾的统一体，矛盾是事物发展变化的源泉、动力。在高等数学中，充满着对立统一的概念，例如：常量与变量、有限与无限、局部与整体、近似与精确、微分与积分等。其中微分与积分贯穿于整个高等数学中，而微积分学基本定理揭示了微分和积分的内在联系，是它们由对立走向统一的桥梁。又如无穷小量与无穷大量是对立的，也是统一的，两者之间可以通过倒数运算实现相互转换。再如直线可以看成是半径为无穷大的圆，而半径为无穷大的圆可以看作是直线，在这种意义下，直线与曲线这一矛盾也可以相互转化。

　　如，定积分与不定积分是两个截然不同的概念，定积分是"和式极限"，是一个数，而不定积分是原函数族，是一个函数的集合，但通过牛顿—莱布尼兹（Newton-Seibniz）公式：

$$\int_a^b f(x)dx = F(x) \Big|_a^b = F(b) - F(a),$$

使定积分与原函数或不定积分联系起来，有机结合，且给定积分的计算提供了一个有效简便的方法，即用原函数来计算定积分，而不必按定义去求和式的极限。又如，在解决线性方程组的解的时候，我们给出两个方程组：

$$\begin{cases} x_1 + 2x_2 - x_1 = 2 \\ 2x_1 - x_2 + x_3 = 3 \\ 4x_1 + 3x_2 - x_3 = 7 \end{cases} \qquad \begin{cases} x_1 - x_2 - x_3 = 1 \\ x_1 + x_2 - x_3 = 2 \\ x_1 - x_2 - x_3 = 3 \end{cases}$$

　　求这两个方程组的解的问题。在讨论的时候，学生已经知道一个知识点：当行列式不等于 0 的时候，方程组有唯一的解，且这个解可以有克莱姆法则解出来。但是，这两个方程组的系数行列却都等于 0，这就出现了矛盾，由此，在引出新的知识，利用矩阵的方法去解决这类不是唯一解的方程组问题，第一个方程组有无穷多解，第二个方程组无解。

二、量变质变的观点

量变质变规律揭示了事物发展变化形式上具有的特点，从量变开始，质变是量变的终结。其中量变是质变的必要准备，质变是量变的必然结果；质变不仅可以完成量变，而且为新的量变开辟道路。在高等数学中，为求曲线 $y=f(x)$ 在点 P 处的切线的斜率，首先在曲线上另取一点 Q，并求割线 PQ 的斜率；然后让点 Q 沿曲线无限地趋近点 P，割线 PQ 的极限位置即是曲线在点 P 处的切线，割线斜率的极限即是切线的斜率。在点 Q 沿曲线无限接近点 P 的过程中，相应的割线斜率在不断地发生变化，但这只是一个量变过程，其数值始终是割线的斜率。只有当点 Q 到达极限位置即点 Q 与到点 P 重合时，割线 PQ 的斜率才发生质变，成为切线的斜率。

再如，极限的概念就是高等数学中一个体现出从量变到质变过程的生动例子。极限就是"变量无限地向有限的目标逼近而产生量变到质变的转化"。例如，"割圆术"求圆的面积的原理是：用内接正多边形的面积近似代替圆的面积。当正多边形的边数不断增加，正多边形的面积就越来越近似于圆的面积，但只要正多边形的边数有限，正多边形的面积始终是圆面积的近似值，在这里体现了量变；但当多边形的边数无限增加时，正多边形的面积就是圆的面积了，这就是质变。还有一元函数推广到多元函数的时候，自变量个数增加了，有的性质也会发生质变。在高等数学课程中，体现出从量变到质变的例子有不少，教师在教学中应当引导学生通过质量互变哲学思想，理解概念之间的区别与联系，这样就不会犯类似于这种想当然的错误了，从而提高了学习效果。

三、否定之否定的观点

否定之否定规律揭示了矛盾运动过程具有的特点，表明事物自身发展的整个过程是由肯定、否定和否定之否定诸环节构成的。其中否定之否定是过程的核心，是事物自身矛盾运动的结果，是矛盾的解决形式。反证法是高等数学中的一种常用方法。在反证法中，为了达到肯定题断的目的，首先否定题断，并以此为依据推出矛盾，从而否定前面否定的题断，即肯定了题断。反证法显然符合"肯定—否定—否定之否定"的形式。否定之否定的实质是肯定题断，但与肯定阶段的肯定题断有着本质的区别。肯定阶段的肯定题断是未知的，是有待于证明的；而否定之否定阶段的肯定题断是明确的，是经过严格论证得出的已经认可的结论。否定之否定经过一个周期的运动回到了起点，又高于起点。正如恩格斯所说：否定之否定是在"更高的阶段上重新达到原来出发点"。

如学习定积分的概念时，首先将原来大曲边梯形分割成若干个小曲边梯形，在每个小曲边梯形中，视曲边为直边，以直边梯形面积之和作为大曲边梯形面积近似。其次，分割无限加细，取极限，这样小直边梯形面积转化为大曲边梯形面积，实现了"以曲代直"。这种方法是由曲到直再由直到曲，体现的哲学思想是由变到不变的否定之否定的辩证法思想，这样"化整为零，积零为整"的方法，是高等数学最基本的思想方法之一。

四、相对性与绝对性观点

相对与绝对是反映事物性质的两个不同方面的哲学范畴。相对是指有条件的、暂时的、有限的；绝对是指无条件的、永恒的、无限的。高等数学中的许多研究对象也是如此。例如：在二元函数 $z=f(x, y)$ 中，x，y 是变量，这是绝对的。但在对 x 或 y 求偏导数的过程中，需要暂时将 y 或 x 视为常量，这又是相对的。类似的情形也出现在求二次极限和二次积分中。在求二次极限，和二次积分时，需要首先将 x 视为常量，然后再将 x 视为变量。需要指出的是，上述 3 个问题的处理方法，一方面体现了相对性与绝对性观点的应用，另一方面体现了否定之否定观点的应用，即 x 经历了由"变量—常量—变量"的周期运动，符合"肯定—否定—否定之否定"的形式。

五、多样性与统一性的观点

事物是多样的，又是统一的。在高等数学中，函数的形式是多种多样的，例如：基本初等函数、初等函数、分段函数、取整函数以及由方程所确定的隐函数等，但无论是怎样的函数，从本质上讲都是一种映射或对应关系。又如积分的形式是多种多样的，除定积分外，还有二重积分、三重积分、曲线积分、曲面积分等，尽管它们的几何意义或物理意义各不相同，但它们都归结为某种积分和的极限。它们有着许多共性，最终都要转化为定积分来计算，并且具有许多共同的性质，如线性性、可加性、中值定理等。再如闭区间 $[a, b]$ 上的连续函数是多种多样的，但它们在闭区间 $[a, b]$ 上无一例外地都具有有界性、最值性、介值性和一致连续性。

六、现象与本质的观点

本质与现象是表示事物的里表及其相互关系、反映人们对事物认识的水平和深度的一对哲学范畴。世界上的任何事物都是本质和现象的对立统一，透过现象把握 K 本质是科学的基本任务之一。在高等数学中，不定积分和定积分都是积分，也有一定的联系，但二者却有着本质的区别。从本质上讲，不定积分是全体原函数的集合，是一个函数簇；定积分是一个和式的极限，是一个确定的数值，两者既有区别又有联系，牛顿和莱布尼兹通过微分中值定理把两者联系起来了，这也标志着微积分这门学科的诞生。如函数极限与积分和的极限都是极限，它们的定义也非常相似，但二者也有着本质的区别。在函数极限中，

对每个极限变量 x 来说，$f(x)$ 的值是唯一确定的；在积分和极限中，对每一个来说，由于介点集的无穷多样性使得相应的积分和的值具有无穷多样性，这使得积分和的极限要比通常的函数极限复杂得多。

另外，还有导数、定积分、二重积分、三重积分、曲线积分、曲面积分，无穷级数本质上都是极限，因此都满足极限的线性性质。也说明了极限是微积分这门学科的主线，把看似零散的知识点都联系起来了。行列式和矩阵是线性代数中两个重要概念，虽然都可以求线性方程组的解，但本质不同，行列式是一个数，而矩阵是一个数表。两者之间既有本质区别，又有一定联系。一方面矩阵的秩是通过行列式定义的，另一方面用行列式求解线性方程组和用矩阵求解线性方程组解的公式是一致的，说明行列式和矩阵在求解线性方程组方面是密切联系的。

七、普遍联系与发展的观点

世界上的一切事物、现象、过程彼此相互联系，整个世界是相互联系的统一整体。与此同时，一切事物都处在永不停息的运动、变化和发展之中。例如：在高等数学中，微分和积分通过微积学基本定理相互联系，二重积分与曲线积分通过格林公式相互联系，三重积分与曲面积分通过高斯公式相互联系。再如，数项级数的积分判别法则给出了广义积分与数项级数的关系。与此同时，在高等数学中，积分概念是不断运动和发展的。主要表现在两个方面：一是从一元函数的定积分发展为一元函数的广义积分，二是从一元函数的积分发展为多元函数的二重积分、三重积分、曲线积分和曲面积分等。这既是解决几何、物理等实际问题的需要，也是积分概念不断完善的需要，是外部矛盾与内部矛盾共同作用的结果。

再如微分中值定理作为研究函数的有力工具，也是相互联系的。其中拉格朗日定理是罗尔定理的推广，同时也是柯西中值定理的特殊情形。可见在学习数学时，我们也应坚持联系的观点，用普遍联系的观点看问题。

八、实践的观点

实践是认识的起点，也是认识的归宿。毛泽东同志曾说过：实践、认识、再实践、再认识，这种形式，循环往复以至无穷，而实践和认识之每一循环的内容，都比较地进到了高一级的程度。数学源于实践，最终还要应用于实践，接受实践的检验。在高等数学中，导数的概念源自几何中的切线问题和物理中的瞬时速度问题，研究了导数的概念和计算方法后，可以利用导数求物理学中的加速度、经济学中的边际成本和边际效益等问题。同样的，定积分概念源自求曲边梯形的面积和变力做功等问题，研究了定积分的概念的计算方法方法后，可以利用定积分求平面图形的面积、曲线的弧长、旋转体的体积等。在研究数学和学习数学的过程中，尤其要注意将所学数学知识运用于生产实践，并在生产实践中体验数学、感受数学。唯有这样，才是学习数学的真正目的。

又如统计学完完全全地体现了实践是检验真理的唯一标准这一哲学思想。无论是统计方法还是统计思维，都是对实践是检验真理的唯一标准这一马克思主义哲学观进行了数理化的表达。概率统计从大量随机现象出发来研究客观事物的数量变化规律。统计工作不断地重复着从理论到实践、实践到理论这一过程，并在研究过程中不断深入探索，提出新思想，发现新规律，并利用所得到的结论指导生产实践，为决策和行动提供依据和建议。因此，从某种意义上来说，统计时时处处体现了实践是检验真理的唯一标准。

九、偶然与必然的观点

偶然性与必然性之间有着十分紧密的联系，是既对立又统一的矛盾双方，当偶然性满足一定的条件时，就会转化成为必然性。概率统计从认识事物的偶然现象出发，指出了偶然性是必然存在的。一方面，偶然性来源于事物与外部不可分割的多渠道联系；另一方面，它也产生于事物内部间的相互作用。概率统计在研究事物的偶然现象的过程中，发现大量偶然现象的发生频率或整体分布状态存在着某种非偶然的稳定性趋势，并用数学的方法揭示了这种稳定性的规律。所有不同形式的大数定律和中心极限定理，都是概率统计学对随机现象统计规律性的反映，也是在一定条件下偶然性转化成必然性的体现。概率统计的基本思想就是通过对偶然性的研究去揭示大量偶然现象在整体上呈现出的必然性特征——统计规律，并利用所得到的统计规律做出科学的判断和决策，统计规律不是概率统计学家捏造出来的，而是客观存在的大量随机现象的整体趋势，是偶然性和必然性的对立统一。

十、归纳与演绎的观点

归纳和演绎反映了人们认识事物两条方向相反的思维途径，二者相互联系、互为条件，同时又相互补充、相互转化。统计研究是从个别到一般的过程，所以统计思维必然是一种归纳。另外，统计不仅要根据所搜集到的原始信息推理获得一般的结论，而且还必须对所得到的结论进行假设检验，进行论证。因此说，统计思维是归纳与演绎的统一。归纳方法论强调了方法和外来信息的重要性，而演绎方法论则强调了问题和先验信息的重要性。只有将二者有机地结合起来，相互协调，相互补充，才能真正解决实际问题，才能找到可靠的科学真理。

第四节 高职数学教学中体现哲学文化思想的案例

一、"直—曲"的思想

众所周知，直线与曲线这两个数学概念是有严格区别的。初等几何正是以这种区别为基础建立起自己的理论体系的。但是，直线与曲线又是有着内在联系的，在一定条件下可以互相转化，比如在微积分中，"无限"的条件下，直线与曲线可以当成是一回事。正如恩格斯所指出的那样："直线和曲线在微积分中终于等同起来了"，"当直线和曲线的数学可以说已经山穷水尽的时候，一条新的几乎无穷无尽的道路，由那把曲线视为直线（微分三角形）并把直线视为曲线（曲率无限小的一次曲线）的数学开拓出来了。"事实上，在微积分中，正是由于运用了曲线转化为直线，直线转化为曲线，即曲直转化，解决了在初等数学中无法解决的一些问题。

二、运动与静止

在高等数学中蕴含着丰富的哲学思想，有时动中求静，把动态问题转化为静止状态来分析，有时却静中觅动，运用相互运动的观点来研究，会收到事半功倍的效果。

举个例子。设某地区在某时刻 t 的人口总数为 $N=N(t)$。统计资料表明，该地区的人口出生速率与总人口数成正比，比例系数为常数 k（$k>0$）；而由于疾病及其他非正常因素（如天灾、人祸、事故等）使得死亡速率与总人口数的平方成正比，比例系数为 q（$q>0$），求人口增长率。

解：由于人口总数 $N(t)$ 只能取正整数，而且人口总数是一个很大的数目，相对于人口最小增量单位 1（人）来说，可以近似地把 $N(t)$ 看成是连续变化的。

设在小段时间间隔内，该地区的人口改变量为 ΔN，ΔN 是由两方面因素决定的，一是出生人数，二是死亡人数。虽然在这小段时间间隔内，N 是变量，但当 Δt 很小时其变化很小，可以把它近似看成是常量，因此，在这小段时间间隔内的人口出生人数约为 $kN\Delta t$。同理，在这小段时间内的死亡人数约为 $qN^2\Delta t$，所以在小段时间间隔内，人口的改变量为 $\Delta N \approx kN\Delta t - qN^2\Delta t = (k-qN)N\Delta t$，不管多么小，人口的改变量始终是一个近似值，只有当 Δt 无限变小时，即 $\Delta t \to 0$ 时

$$\lim_{\Delta t \to 0}\frac{\Delta N}{\Delta t} = (k-qN)N$$

就是该地区人口总数增长率的精确值。

再看另一个例子。

据说，在一次鸡尾酒会上，有人向约翰·冯·诺伊曼（1903—1957年，20世纪最伟大的数学家之一）提出一个数学问题：两个男孩各骑一辆自行车，从相距20英里（1英里合1.6093千米）的两个地方，开始沿直线相向骑行。在他们起步的那一瞬间，一辆自行车车把上的一只苍蝇开始向另一辆自行车径直飞去。它一到达另一辆自行车车把，就立即转向往回飞。这只苍蝇如此往返，在两辆自行车的车把之间来回飞，直到两辆自行车相遇为止。如果每辆自行车都以每小时10英里的等速前进，苍蝇以每小时15英里的等速飞行，那么，苍蝇总共飞行了多少英里？（因为要求解苍蝇总共飞行了多少英里，所以，许多人便先计算苍蝇在两辆自行车车把之间的第一次路程，然后是返回的路程，依次类推，算出那些越来越短的路程。但这涉及所谓无穷级数求和，这是非常复杂的高等数学），约翰·冯·诺伊曼思索片刻便给出正确答案：15英里。提问者显得有点沮丧。约翰·冯·诺伊曼解释说，绝大多数数学家总是忽略能解决这个问题的简单方法，而是采用无穷级数求和的复杂方法。

这里实际上涉及运动与静止的观点，我们常常忽略。"一切皆变，无物常住"。这是一个原始的朴素的世界观。辩证唯物主义的哲学规则不仅认为世上万物均处于运动之中，而且认为运动是相对的，静止是存在的，但又不是绝对的静止，而是相对的、有条件的静止。这一原理启发我们，"动"和"静"是不能完全割裂的，解题中有时动中求静，把动态问题暂时处于静止状态来观察、分析，可以获得成功；有时却静中觅动，运用相对运动的观点来研究，又会收到事半功倍的效果。

总之，动与静是中国哲学史上的一对重要范畴，关于两者关系的探讨，最早见于老子哲学。他说："反者，道之动；弱者，道之用。"老子认为万事万物的运动变化都是循环反复的，事物的发展必然要走到自己的反面，这就是"道"的运动。诚然，老子把静看成是绝对的并不正确。但他看到了动和静之间的关系不是截然对立的，而且，他是历史上第一个辩证揭示动静关系的思想家。事实上，对动和静的辩证把握，正是中国哲学的优良传统之一。明清之际的思想家王夫之说得十分透彻："动极而静，静极而动……方动即静，方静即动，静极含动，动不舍静。"动与静是事物相互依存的两种状态，它们是对立统一的关系。同时运动是绝对的，静止是相对的。

三、"以退求进"的思想

所谓"以退求进"的思想，即是在已有知识积累的前提下，对要求解决的问题在直接求解有困难时，采取退一步先考察它的接近问题（如特殊的、简单的、近似的等问题），然后再进一步分析研究，从中探求出求解问题的方法，最终使问题得以解决。定积分概念的建立正是这种思想方法的一种具体形式的运用。比如求 $y=x^x$ 的导数时，幂指函数 $y=x^x$ 既非幂函数也非指数函数，求导时也无公式可用。因此，退一步，等式两边先取对数，使之转化为隐函数，这样就能顺利求导了。这种以退为进的思想方法不仅可以解决数学中的问题，而且还可以培养学生的探索能力和创造性思维能力，训练反常规思维和抽象思维。

高等数学中极限、导数、重积分、曲面积分和曲线积分等概念的建立都确实隐含了"以退求进"这一思想方法，使这些位于高等数学中不同部分的概念在思想和方法论的意义下得到和谐统一。通过定积分概念的建立揭示这一方法，不仅使掌握这些概念变得统一有序，也为利用这些概念的教学培养学生掌握运用"以退求进"的思想方法，体验"问题""问题解决""抽象出新的数学概念"这一数学发明过程创造了条件。

四、有限与无限

两个小孩子在比较某事物的数量，一个说"我有1000"，另一个说"那我有10000"，一个说"你有多少，那我就有多少再加1"，另一个说"我有全宇宙那么多"……

显然，他们最后祈求的其实不正是我们现在所说的有限与无限之间的关系？

无限与有限有本质的不同，但二者又有联系，无限是有限的发展。无限个数目的和不是一般的代数和，把它定义为"部分和"的极限，就是借助极限法，从有限认识无限。

我们知道有限与无限是初等数学与高等数学的主要区别之一。一些对于"有限"成立的命题、性质，推广到"无限"时仍能成立，而另一些则不成立。忽视两者的差别常常会犯错误，例如，由 $1<2$，$2<3$，…，$n<n+1$，… 推得 $1+2+\cdots+\cdots+n+\cdots<2+3\cdots+（n+1）\cdots 0$ 若记 $x=2+3+\cdots+（n+1）+\cdots$，则有 $1+x<x$，即 $1<0$。但夸大了两者的差别又将限制学生的思维，同样是有害的。重要的是了解哪些命题对于"有限"成立，推广至"无限"仍然成立；特别是普遍性推广不成立时，其中是否有特殊命题可以推广。如果推广成功，我们就得到了一个新的发现，新的创造。

由 sinx 的幂级数展开式可得：

$$\frac{\sin x}{x} = 1 + \frac{x^2}{3!} + \frac{x^4}{5!} - \frac{x^6}{7!} + \cdots (x \neq 0)$$

令 $f(y) = 1 + \frac{x^2}{3!} + \frac{x^4}{5!} - \frac{x^6}{7!} + \cdots$，

则 $f(y)=0$ 的解为，…，而对于有限次多项式 $g(x)=a_0+a_1x+\cdots a_nx^n（a_na_0\neq0）$，由 $g(x)=0$ 的根 x_1，x_2，…，xn 与系数 a_0，a_1，…，a_n 之间的关系可得

$$\sum_{i=1}^{n} \frac{1}{x_i} = \frac{a_1}{a_0}$$

$$\sum_{1 \leq i < j \leq n} \frac{1}{x_i x_j} = \frac{a_2}{a_0}$$

$$\sum_{1 \leq i < j \leq n} \frac{1}{x_i x_j x_k} = \frac{a_3}{a_0}$$

将 $f(y)$ 看成"无限次多项式"，由于没有最高次项的系数，因而无法将根与系数的

关系推广到"无限"的情形，但可推广得到

$$\sum_{n=1}^{\infty}\frac{1}{n^2}=\frac{\pi^2}{6},\sum_{n=1}^{\infty}\frac{1}{n^4}=\frac{\pi^4}{90},\sum_{n=1}^{\infty}\frac{1}{n^6}=\frac{\pi^6}{945}$$

从有限发展到无限，是认识上的一次飞跃。有限与无限之间存在着本质的差异，针对有限量成立的关系到了无限量就不再成立且初等数学不能处理无限过程。而在高等数学中，我们可以通过有限来认识无限，同时通过有限来确定无限，这是一个从量变到质变的过程，它是微积分的基本思想方法，也就是我们熟知的极限法导数概念的建立以及定积分概念的建立。都是一个从有限到无限的过程都需要借助极限法。

总之，有限与无限的辩证统一，极限是微积分的基本概念，它贯穿于微积分的始终，是微积分的灵魂。在极限中，有限与无限的辩证统一把微积分一步步引向深入。有限与无限是对立的两个方面，既有区别又存在内在的相互联系。有限可化为无限，无限也可用有限来表示。如2是确定的有限数，但它可以用一个无限的数列之和：1+1/2+1/2²+⋯+1/2ⁿ⁻¹+⋯来表示，从而达到统一。而最能刻画极限思想的是魏晋时数学家刘辉的割圆求周。所谓极限思想是用联系、变化的观点，把所考察的对象（圆的周长）看作是某对象（圆内接正多边形的周长）在无限变化过程中变化结果的思想。它出发于对过程无限变化的思考，而这种考察总是与过程的某一特定的、有限的、暂时的结果密切相关。因此它体现了恩格斯所说"从有限中找到无限，从暂时中找到永久，并使之确定起来"。

五、特殊与一般

数学是研究现实世界的空间形式和数量关系的科学。而现实世界中，事物的特殊性中存在着普遍性，个性中存在着共性，这在高等数学中就变，现为特殊与一般的辩证关系。例如，各个数学概念的引入，总是从典型的特殊例子开始，然后通过科学的抽象，便形成有关的数学概念；比如求一些函数的 n 阶导数的公式以及求级数的通项等，都是通过分析前面特殊的若干项，经归纳、概括而得到一般项。

从一个特殊问题出发，我们可以讨论它的一般性问题。反过来，我们也可以从一般问题考察其特殊情形。一般而言，一般问题较特殊问题更复杂，更难找到解决的途径。认识遵循由易到难，由浅入深得规律，人们往往先解决简单的特殊问题，并从中找到解决一般问题的启示。在高等数学中，微分中值定理——罗尔定理、拉格朗日中值定理、柯西中值定理的证明充分体现了这种"由特殊到一般"的思想。

然而，特殊问题并不总是比一般问题更易解决。这类问题若孤立地去解，几乎毫无办法。若将其置于一个适当的一般问题中，则迎刃而解。高等数学中常将一些数项级数的求和置于适当的函数项级数，将被积函数的原函数不是初等函数的定积分 $\int_a^b f(x)dx$ 计算置于

$I(y)=\int_a^b f(x,y)dx$ 中。

"一般化又称普遍化，它是把研究对象或问题从原有范围扩展到更大范围进行考察的思维方法；特殊化是把研究对象或问题从原有范围缩小到较小范围或个别情形进行考察的思维方法"（G. 波利亚语）。因为一般性总是寓于特殊性之中，所以要研究某一对象或问题时，就可以通过对特殊和个别的分析去寻求一般，以获得关于所研究对象的性质或关系等认识，找到解决问题的方向、途径或方法。解题中，常常可以利用这种"以退求进"的思维方法将问题做"特殊化"或"一般化"处理。

六、连续与离散

连续与离散是相互对应统一的。在许多实际问题中，连续函数常用不连续（离散）的函数来近似逼近；而离散的类型又常用连续函数来描述。如我们的视觉及触觉感受到的，流体介质可以近似地描述成连续的。因为我们关心的并不是分子范围发生的事情，因而这种描述是合适的。再如，在日常生活中，我们总可以将一张四脚方桌摆放平稳，因为地面可以看作一个连续的曲面。

所谓方桌能否在地面放稳是指方桌的四个脚能否同时着地。生活中的椅子大多数是四条腿，如果根据三点确定一平面原理，三条腿的椅子既稳定又节约材料，为什么不用三条腿的椅子？如果从美观的角度出发考虑，为什么不用五条腿、六条腿的椅子？四条腿长度相等的椅子放在起伏不平的地面上，四条腿能否同时着地？

我们将建立一个简单而巧妙的模型来解决这个问题。在下面的合理假设下，问题的答案是肯定的。

假设：

（1）椅子的四条腿一样长，四脚的连线是正方形；

（2）地面是数学上的光滑曲面，即沿任意方向，曲面能连续移动，不会出现阶梯状；

（3）对于椅脚的间距和长度而言，地面是相对平坦的，使椅子在任何位置至少有三只脚同时落地。

建模的关键在于恰当地寻找表示椅子位置的变量，并把要证明的"着地"这个结论归结为某个简单的数学关系。假定椅子中心不动，四条腿着地点视为几何学上的点，用 A、B、C、D 表示，将 AC、BD 连线看作为 x 轴、y 轴，建立如图 6-1 所示的坐标系。建立坐标系后，可将几何问题代数化。

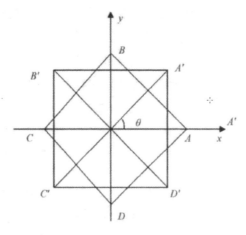

图 6-1

当一次放不平椅子时，我们总是习惯于转动一下椅子（这里假定椅子中心不动），由此可将椅子转动联想到坐标轴的旋转。

设 θ 为对角线 AC 转动后与初始位置 x 轴的夹角。如果定义椅脚到地面的竖直长度为距离，则"着地"就是椅脚与地面的距离等于零，由于椅子在不同的位置，因而这个距离是 θ 的函数，而椅子有四个脚，故有四个距离，但又因正方形的中心对称性，所以只要设两个距离函数就可以了。记 A、C 两脚与地面距离之和为 $g(\theta)$，B、D 两脚与地面距离之和为 $f(\theta)$ 外，显然 $g(\theta) > 0$，$f(\theta) > 0$。

因地面光滑，故 $g(\theta)$、$f(\theta)$ 连续，而椅子在任何位置总有三只脚可同时"着地"，即对任意的 θ，$g(\theta)$ 的与 $f(\theta)$ 的中总有一个为零，即 $g(\theta)f(\theta) = 0$。不失一般性，不妨设 $g(\theta) = 0$，于是椅子问题抽象成如下数学问题：

已知 $g(\theta)$、$f(\theta)$ 是 θ 的连续函数，且对任意的 θ，$f(\theta)g(\theta) = 0$，$g(\theta) = 0$，$f(\theta) > 0$。求证：存在 $\theta 0$，使得 $g(\theta) = f(\theta) = 0$。

证明：令 $h(\theta) = f(\theta) - g(\theta)$，由函数 $g(\theta)$、$f(\theta)$ 的连续性，知 $h(\theta)$ 也是 θ 的连续函数，且有 $h(\theta) = f(\theta) - g(\theta) = f(\theta) > 0$。

将椅子绕中心（即坐标原点）转动 90°，则对角线 AC 与 BD 互换。

由 $g(\theta) = 0$，$f(\theta) > 0$ 有 $g(\pi/2) > 0$，$f(\pi/2) = 0$，从而

$$h(\frac{\pi}{2}) = f(\frac{\pi}{2}) - g(\frac{\pi}{2}) = -g(\frac{\pi}{2}) < 0$$

又因 $h(\theta)$ 在 [0，] 上连续，根据连续函数的介值定理知，必存在 $\theta 0 [0，]$ 使得 $f(\theta 0) = 0$，即

$$h(\theta 0) = f(\theta 0) - g(\theta 0) = 0 \quad\quad\quad (4-1)$$

又因对任意的 θ，$g(\theta)$ 和 $f(\theta)$ 中总有一个为零，所以有

$$g(\theta 0)f(\theta 0) = 0 \quad\quad\quad (4-2)$$

由（4-1）式、（4-2）式可知

$$g(\theta0)=f(\theta0)=0$$

即只要把椅子绕中心（坐标原点）逆时针旋转 $\theta0$ 角，椅子的四条腿就同时"着地"了，即椅子四条腿能同时"着地"。理论上保证了稳定性，又美观大方，所以生活中常见的便是四条腿的椅子。

从上述椅子问题的解决中我们可受到一定的启发，学习到一些建模的技巧：转动椅子与坐标轴联系起来；用一元变量表示转动位置；巧妙地将距离用的函数表示，而且只设两个函数 $g(\theta)$、$f(\theta)$（充分注意到椅子有四只脚）；由三点确定一平面得到 $f(\theta)$ $g(\theta)$ $=0$；利用转动并使用介值定理巧妙而简单地获得问题的解决。

反过来，我们常用分段连续的函数来近似连续的过程，这也是很有好处的。汽车的速度是时间的连续函数，但它常用一系列很短时间内的常数速度来近似，并以此来计算走过的距离。高等数学中的定积分计算更是将连续函数离散化了。

事实上，像"在任何一个 5 秒的时间区间内均不跑 500 米，问 10 秒能否恰好跑完 1000 米？"这样的跑步问题也可运用连续函数的有关性质的论证出其要求是无法实现的。

七、近似与精确

近似与准确是对立统一关系，两者在一定条件下也可相互转化，这种转化是数学应用于实际计算的重要诀窍。前面所讲到的"部分和""平均速度""圆内接正多边形而积"，依次是相应的无穷级数和、瞬时速度、圆面积的近似值，取极限后就可得到相应的准确值。这都是借助极限法，从近似认识准确。

高等数学中要解决的是非均匀分布或变化的问题，因此无法像初等数学一样直接得到简洁完美的公式。高等数学中无论是微分法还是积分法，解决问题所采用的方式通常是先作近似值，再通过极限过渡到精确值：作近似值所用到的公式通常就是初等数学中已有的内容，但高等数学依靠极限过程。从有限过度无限，从量变过度质变，最终完成了本质飞跃。导数概念的建立以及定积分概念的建立就充分反映了这种近似向精确转化的典型方式。

八、罗尔定理与拉格朗日定理蕴含的哲学思想

我们在学习高等数学的过程中，总会遇到这样或那样的问题。思考问题的来龙去脉，并加以总结以提高，在其中我们不难发现一些蕴含的衍学思想。比如微分中值定理——罗尔定理与拉格朗日定理。

在整个学习知识的过程中，我们可以分析出其蕴含的哲学思想。我们知道，数学家"往往不是对问题实行正面攻击，而是不断地将它变形，直至把它转化成能够得到解决的问题"。在导出拉格朗日定理的过程中充分展示这一转换的思想，同时在拉格朗日定理的证明中充分展示了构造辅助函数的实际过程，有助于提高构造建模能力和逆向思维能力，也体现出

高等数学中的建模思想。

当然，事物的发展总是从特殊到一般，再从特殊到一般，从具体到抽象的思维运动，以此促进数学思维能力在头脑中一步步地深化和提高。罗尔定理的导出过程充分体现了这一方面。

第七章 教师职业能力竞赛与高职数学教师职业能力发展

教师是一种职业，教师工作是一项专业化的活动，教师专业化是实现教师职业的关键。教学活动是一门科学，也是一门艺术，更是科学与艺术的结合，对从事这样一种职业和专业的劳动者而言，必然要有相应的能力要求。高等职业教育是职业教育的较高层次，是国家整体教育事业的重要组成部分，也是推进高等教育大众化的主体力量。教师是影响职业教育现代转型的一个关键问题，又是影响教学质量的重要变量。"数学教育应具有'文化素质教育'与'数学技术教育'的双重功能"，"数学教师仅仅改进教学方法是不够的，必须对数学教学内容进行再创造，使之从高度抽象、枯燥呆板的形式中解放出来，走向生活，再现其与人类文明各个方面丰富多彩的联系"。数学教师通过基于问题的任务驱动等教学模式以及现代教育技术手段的开发利用，形成具有职业教育特点的数学文化课程，将数学文化的建构、传承与发扬，从"他组织"走向"自组织"，承担起数学文化传承和数学素质培养的重任，为此，数学教师必须具有相应的职业能力。

第一节 教师职业能力竞赛

2018年4月17日，教育部职成司谢俐副司长在《2018年全国职业院校技能大赛筹备会上的讲话》中指出：随着"互联网＋教育"向纵深发展，信息技术应用能力越来成为教师的基本能力之一，为了进一步促进提升教师全面教学能力，教育部在连续举办8年全国信息化教学大赛基础上，从2018年开始，比赛将从重点考察教师的信息技术应用能力，进一步拓展为全面考察教师的教学能力，研究开展教师教学能力比赛，同时统筹规划面向职业院校师生的各类比赛，将教师教学能力比赛相对独立地整体纳入全国职业院校技能大赛体系。

2019年6月4日教育部下发《2019年全国职业院校技能大赛教学能力比赛方案》（征求意见稿）。其主要的指导思想是落实课程思政有关要求，深化"三教改革"（教师、教材、教法），遵循职业教育教学规律，适应"互联网＋职业教育"发展需求，运用大数据、人工智能等现代信息技术，构建以学习者为中心的教学生态，坚持"以赛促教、以赛促学、以赛促改、以赛促建"，打造高水平、结构化教师教学创新团队。其主要比赛要求是重点考察教学团队（2—4人）针对某门课程中部分教学内容完成教学设计、实施课堂教学、评价目标达成、进行反思改进的能力。教学团队应落实职业教育国家教学标准，对接职业标准（规范），依据学校专业人才培养方案和实施性课程标准，选取参赛教学内容，进行学情分析，确定教学目标，优化教学过程，合理运用技术、方法和资源等组织课堂教学，进行教学考核与评价，做出教学反思与整改。课堂教学实施应注重实效性，突出教学重难点的解决方法，实现师生、生生地全面良性互动，关注教与学全过程的信息采集，并根据反映出的问题及时调整教学策略。

参赛作品应为不少于12学时连续、完整的教学内容。材料主要包括参赛作品实际使用的教案、2—5段课堂实录视频、教学实施报告，另附参赛作品所依据的实际使用的专业人才培养方案和课程标准。教案应包括授课信息、任务目标、学情分析、活动安排、课后反思等教学基本要素，设计合理、重点突出、规范完整、详略得当。每个参赛作品的全部教案合并为一个文件提交。教学团队在完成教学设计和实施之后，撰写1份教学实施报告。报告应梳理总结参赛作品的整体教学设计、课堂教学实施成效、反思与改进等方面情况，突出重点和特色，可用图、表等对实施、成效加以佐证，不超过3000字。

教学团队成员按照教学设计实施课堂教学，录制2—5段课堂实录视频，原则上每位团队成员不少于1段，不直接实施课堂教学的团队成员可不作要求。课堂实录视频每段最短8分钟左右、最长20分钟左右，总时长控制在40—45分钟；每段视频应分别完整、清晰地呈现参赛作品中内容相对独立完整、课程属性特质鲜明、反映团队成员教学风格的教学活动实况。评分指标见下表（表7-1）。

表 7-1 2019 年全国职业院校技能大赛教学能力比赛评分指标（公共基础课程组）

评价指标	分值	评价要素
目标与学情	20	1.适应新时代对技术技能人才培养的新要求，符合教育部发布的公共基础课程标准有关要求，紧扣学校专业人才培养方案和课程教学计划，强调培育学生的学习能力、信息素养。 2.教学目标表述明确、相互关联，重点突出、可评可测。 3.客观分析学生的知识基础、认知能力等，整体与个体数据翔实，预判教学难点和掌握可能。
内容与策略	20	1.联系时代发展和社会生活，融通专业课程和职业能力，弘扬劳动精神，培育创新意识；思政课程充分反映马克思主义中国化最新成果，其他课程注重落实课程思政要求。 2.教学内容有效支撑教学目标的实现，选择科学严谨，容量适度，安排合理、衔接有序、结构清晰。 3.教材选用符合规定，配套提供丰富、优质学习资源，教案完整、规范、简明、真实。 4.教学过程系统优化，流程环节构思得当，方法手段设计恰当，技术应用预想合理，评价考核考虑周全。
实施与成效	30	1.体现先进教育思想和教学理念，遵循学生认知规律和教学实际。 2.按照设计方案实施教学，关注重点难点的解决，能够针对学习反馈及时调整教学，突出学生中心，实行因材施教。 3.教学环境满足需求，教学活动开展有序，教学互动广泛深入，气氛生动活泼。 4.关注教与学全过程信息采集，针对目标要求开展考核与评价。 5.合理运用信息技术、数字资源、信息化教学设施提高教学与管理成效。
教学素养	15	1.充分展现新时代职业院校教师良好的师德师风、教学技能和信息素养，发挥教学团队协作优势。 2.教师课堂教学态度认真、严谨规范、表述清晰、亲和力强。 3.教学实施报告客观记载、真实反映、深刻反思教与学的成效与不足，提出教学设计与课堂实施的改进设想。 4.决赛现场展示与答辩聚焦主题、科学准确、思路清晰、逻辑严谨、研究深入、表达流畅。
特色创新	15	1.能够引导学生树立正确的理想信念、学会正确的思维方法。 2.能够创新教学模式，给学生深刻的学习体验。 3.能够与时俱进地提高信息技术应用能力、教研科研能力。 4.具有较大的借鉴和推广价值。

第二节　教师职业能力内涵及构成

一、教师职业能力内涵

在心理学上，能力是指一个人完成某一活动所必需的个性心态特征，是个体在后天的社会化过程中通过活动得以体现、形成和提高。人力资源和社会保障部《国家技能人才培养标准编制指南》中对职业能力定义为："在真实的工作情境中整体化地解决综合性专业问题的能力，是人们从事一个或若干相近职业所必备的本领，是通用能力和专业能力的综合。"教师职业能力是教师在教育与教学实践过程中形成与发展的从事教育教学活动所需要的能力综合。

当然，教师职业能力是一个发展性、开放性的概念，也是一个具有鲜明时代性的概念，会随着时代的发展而获得新的内涵。20 世纪 90 年代，国外有研究者基于优秀教师的个性特征、知识技能、人格品质等方面的调查分析，提出教师职业能力是一个综合的个人特征，是支持在各种教学情境中满足有效教学绩效所需要的知识、技能和态度。与此同时，国内学者也试图揭示教师职业能力的内在结构，被称为中国高等教育学重要的奠基者和开拓者的潘懋元教授当时认为，"大学教师教学能力包括两个方面：一方面，大学教师要具备不断更新知识和调整知识结构，提高自己学术水平的能力；另一方面，大学教师也应该具有研究治学规律，寻求最佳治学方法的能力"。另外，还有研究者认为，教师的职业能力包括了教师的认识能力（思维的逻辑性和创造性）、设计能力、传播能力、组织能力和交往能力。这种对职业能力的内在结构的分析可以帮助人们更好地理解什么是教师的职业能力。

随着时代的发展和教育的转型，人们对教师职业能力有了新的认识。第一，有研究者提出了"教学学术能力"的概念，"教学学术能力强调大学教师的发展包括学术发展和教学发展。而教学学术能力主要通过课程开发和教学设计能力来表征，这是构建大学教师胜任力特征模型的基础"。教学学术能力概念的提出极大地拓展了教学能力的视野。第二，有研究者提出了以学生为中心的教学理念及其这种理念指导下的教学设计，并且开始成为当前高等教育教学改革的重要主题。高等职业教育自然也不能超然于这一主题之外，"实现'以学生为中心'是对教育本质的深刻认识，是教育思想、观念的一次变革，是从以'教'为中心向以学生的发展、学习及学习效果为中心的一次转变"。教学理念的创新意识或对新的教学理念的敏感性，本身就是教师教学能力的重要表征。

二、高职教师职业能力构成

英国心理学家斯皮尔曼提出了"GS二因素"能力结构理论学：能力由一般能力（"G因素"）和特殊能力（"S因素"）构成。"G因素"泛指人的一般能力，如人的感知、记忆、思维、想象等能力，通常又叫智力，是个体从事一般活动所必需的心态特征。"S因素"，是个体从事特殊活动所需的各种特殊能力。高职教育作为高等教育的一种类型，既有高等教育的普遍性，也有职业教育的特殊性，高职教育的发展目标决定了高职教师的职业能力特征。高职院校培养的是技术技能型人才，这就决定了高职院校的教师应区别于普通高校的教师，既要具有高校教师的通用能力，又要在专业技术应用和实践能力上有更高的要求。

有研究者认为，根据高职院校教学的特性，可以对高职教师教学能力进行一个初步的综合性界定，高职教师职业能力是指教师在教学活动过程中，遵循以学生为中心的教学理念，将专业知识和教学技能有机融合，从而促成教学活动顺利展开和教学目标有效实现的一种综合能力。从教学的内容来看，高职院校教师教学能力包含理论教学能力和实践教学能力，理论教学能力包括教学认知能力、设计能力、监控能力等，实践教学能力包括教学工具的选择与使用能力、演示操作能力、实践诊断与讲解能力、技术的运用与创新能力等。当然，理论教学能力与实践教学能力具有一种内在关联性。

"双师型或双师结构、双师素质"是国家对高职院校师资队伍建设的最基本要求和恒定标准。一个合格的高职院校"双师塑或双师结构、双师素质"教师，首先必须具备高校教师资格证，同时拥有从事某一职业领域的"职业资格证书"，如既是教师又是工程师或高职院校教师，除具备普通高校教师所具备的专业理论知识和作为教师的教学能力水平外，应同时具备专业的实践经验和从事专业实践工作的经历，并具有对行业、企业相关专业领域的技术指导作用。

综上，根据高职教育的特点和人才培养目标，高职教师职业能力一般由课程开发能力、教学能力、专业实践能力和研究能力组成，具体构成要素见下表（表7-2）：

表 7-2　高职教师职业能力构成要素

一级要素	二级要素
课程开发能力	课程标准制定
	教材开发
	课程资源开发
教学能力	教学设计
	教学组织、实施与评价
	信息技术应用
专业实践能力	实践操作能力
	指导学生实践
	技术开发、推广与应用
研究能力	教学研究
	学术研究

　　课程开发能力是高职教师职业发展的重要支点，教学能力是高职教师首要的、核心的能力，专业实践能力是高职教师区别于其他类教师的关键，研究能力是高职教师的动力。总体来说，要成为一名合格、有所作为的高职教师，四大能力缺一不可；四大能力构成了高职教师职业能力整体，它们之间相互促进。

　　培养高素质技术技能型人才是高职教育的出发点和回归点，教学是教师的首要工作，教书育人是教师的天职，教师是提高教学质量的根本保证。教师即便专业知识和理论功底都相当扎实，但如果不能在课堂上驾轻就熟，不能促进学生的发展，其职业能力会仍然得不到认同；教师职业能力的核心是促进学生全面发展的能力，其他诸能力最终都要落脚到这一点上。因此，教师职业能力发展关键还是在于其教学能力的提升。

第三节　高职数学教师职业能力培养路径

　　目前，高职教师的职业能力还不容乐观，教师"不乐教""不善教""不研教"，学生"不乐学""不善学"成为令人忧心忡忡的教学常态。我们绝大部分新入职教师也是刚从高校毕业，很多还不是师范类的毕业生，从学校到学校，既缺乏教学经验、理论，又缺乏企业实践经验，职业能力亟须提升。那怎么样提高高职教师职业能力，提高课堂教学的吸引力和有效性？"教师专业发展不仅仅依赖外在的技术知识的灌输而'被塑造'的，而更是一种'自我理解'的过程，即通过'反思性实践'变革自我、自主发展的过程。"

一、做好发展规划，提升职业能力，发展自主意识

教师职业能力发展的基础和前提是教师职业能力发展的自主意识，职业能力提高的过程也是高职教师不断自我构建实现自我价值的过程。任何外在的推动只能是一个发自教师内心的行动过程和结果，只有来自教师自身的改进和变革需求及其努力才更为根本。教师自主发展意识一方面可以增强职业能力提升的责任感，使之不断自我激励、自我反省；另一方面，自主意识能将教师现有的职业能力与最近发展区有效结合起来，使"已有的发展水平影响今后的发展方向和程度"。

有研究者从教学能力水平的角度对教师专业发展阶段进行了划分，总的来说，可以归纳为三个主要阶段：新手型教师阶段、经验型教师阶段和专家型教师阶段。新手型教师，其课堂教学以教师自我为中心，教学过程中教师关注的主要是自己如何达到教学实施要求；经验型教师，其课堂教学以课程为中心，教学过程中教师关注的是课程目标如何得到有效实现；专家型教师，其课堂教学是以学生为中心，教学过程中教师关注的是学生的需求是否得到了满足，教学方法是否与学生学习风格相吻合，学生的能力、素质是否得到了实质性发展。要提升教师的教学能力，就是要关注自己转向关注课程，再逐步转向关注学生。经验型教师是从新手型教师成长起来的，但却不一定都能够继续成长为专家型教师，许多教师的专业发展往往停滞在这一阶段，保持经验型教师的角色。

教学具有反思特性。教学反思的对象是教学本身，而反思的主体则是教师自身，正是基于教学的反思特性，人们提出了反思性教学的概念。反思性教学是相对于操作性教学而言的。所谓操作性的教学简而言之就是循规蹈矩的教学，它严格遵循学习与教学理论而缺少必要的反思。反思性教学与此有本质上的不同，它本质上是一个批判性分析的过程。有研究者认为反思性教学是全面发展教师的过程，"反思性教学不仅像操作性教学一样，发展学生，而且全面发展教师。因为教师在全面地反思自己的教学行为时，他会从教学主体、教学目的和教学工具等方面，从教学前、教学中、教学后等环节中获得体验，使自己变得更成熟起来。因而反思性教学是把要求学生'学会学习'和要求教师'学会教学'统一起来的教学"。据此，反思性教学就成了发展教师的一条可能的途径，而发展教师又主要体现在发展教师的教学能力。这一点对高职院校教师教学能力的提升极具启示意义。

教学反思也存在一个有效性的问题，严格地说，只有有效的反思才是教学能力提升的可靠途径。就教学反思来说，其有效性主要体现在教师能够对自身教学行为的合理性做出准确的判断。基于教学反思，可以提出教学反思能力的概念，可以把教学反思能力理解为教师能够对自身的教学进行有效的反思。很显然，教学反思能力是教师教学能力的重要表征。教学反思能力是在教学反思中形成的，教学反思具有过程和结果的双重意蕴。对教师的教学能力评价，教学反思能力无疑是一个重要的指标。在日常的教学管理中，许多院校要求教师在进行教学设计时，通俗地说在撰写教案时，要求教师提供教学反思；在教学竞

赛活动中，教学反思也开始成为一个观测点。这些都是有道理的，但是这种反思很容易陷入形式化和浅表化。就高职院校的教师来说，常常要分析典型工作任务，设计学习情境，介入教学资源库的建设，其教学也通常被冠以理实一体化教学、行动导向教学、项目教学等称号，这使得其教学反思更加复杂，也更加重要。

我们教师要自觉反思自己的教学行为，做反思型教师，善于利用各种活动、平台，通过对各种教学活动的反思积累经验，发现并研究解决教学问题，在不断反思中提高自己的职业能力。同时积极参与课程开发活动，深刻理解课程的本质，对课程的性质、功能、目标定位产生更深刻的认识，从课程层面来审视教学；积极参与专业人才需求调研、人才培养方案修订，对人才培养目标定位、培养规格、课程体系的设置等有更深刻的理解。从人才培养层面审视教学，教师的课堂教学关注中心越容易转向学生，教学内容的选择更贴近学生的目标岗位需求，教学活动的设计更符合学生的认知规律，师生互动模式更能体现出学生的主体作用，教学评价更能促进学生的全面发展，让自己能从新手型教师走向经验型教师，经验型教师成长为专家型教师。

二、建立培训制度，分层次、有针对性地提高教师职业能力

从类型上分，高职教师大致可以分为三类：新入职教师、骨干教师和专业带头人。新入职教师往往是来自普通高校的研究生，缺乏最基本的教育教学理论和教学技能；骨干教师对职业教育和学生的学情有了基本把握，具有熟练的教学技能，但可能对工作任务分析能力不足，还缺乏课程开发和创新的意识和能力；专业带头人统领专业建设，但对行业发展态势和人才能力要求可能还难以做出深入的调研和分析。不同类型的教师成长需求不同，根据教师所面临的问题，设计有针对性的培训内容和培训方式，并形成规范的培训制度，以提高教师的职业能力。

针对新入职教师，从教育教学理论、师德修养、教学方法与手段、教学研究、教师专业发展等五个方面，采用专题报告、课堂观摩、教学点评、教案展评、过关考核等形式全面提升新入职教师职业能力。针对骨干教师和专业带头人，更多地采取"送出去"的形式，参加"国培""省培"、访学、挂职顶岗、下企业实践、参加企业实践项目等方式，更新职业教育教学理念，了解企业的新技术、新工艺、新材料、新设备；组织参加行业的学术年会、研讨会，了解专业的新进展、新技术和新方法，并及时将其运用于教学和课程、专业建设。同时，开展由企业资深工程技术人员、管理人员参加的技术交流活动，把企业现场的实践知识带回学校，传递给教师。

教学技能是教师教学能力的基本表征，也是教师教学艺术和教学风格形成和发展的基础。系统化的教学技能训练是提升教师教学能力基本途径。所谓系统化是指在时间上需要职前教育与职后教育衔接；在内容上要对各种教学技能，如语言、节奏、板书、教态、提问、启思、应变、导课等进行综合训练；在方法与途径上，要充分利用教学技能示范、课

堂教学竞赛、教学观摩等；在效果上，通过教学技能的系统训练，教师有可能与学生达成"思维共振、活动默契和情感共鸣"。当然在这一过程中，教师要充分发挥自身的主体性，遵守教学规律、追求更高的教学技能水平。

各种教学技能表面看是可以单独分析和讨论的，但是在具体的教学实践中，教师往往会综合运用各种教学技能，并试图对学生产生整体性的影响，也即对全体学生或学生素质的各个方面产生影响，这就是教学技能的整体性。这也预示着教学技能的训练应当系统化。随着信息技术的发展及其在教学中的应用，教师教学技能的训练手段与方法也在不断地变革。

三、积极组织教师参加职业能力竞赛

高校在积极探索提升教师教学能力的众多途径中，教学竞赛作为一种提升方法，也备受关注和重视。开展教师教学竞赛活动，既是提升教师自身素质，促进教师专业发展的手段之一，又是激发广大教师教学积极性、主动性，发挥改革主力军作用的途径之一。利用好教学竞赛来真正提升教师的教学能力，需要从教学竞赛的自身去探究，使教学学术理念融入于教学竞赛，融于教师教学能力提升，使教师乐于教学，乐于发展教学，乐于提高自身教学能力和教学水平，进而提高高校教学质量。

波斯纳曾提出，"教师成长＝经验＋反思"。教师的职业能力发展需要通过各种载体，教师职业能力竞赛为教师成长搭建了一个重要的平台。通过参与竞赛，能有效促进教师的教学能力、评价能力、课程资源的开发与利用能力、沟通交流能力、合作能力的提升。从最初消化竞赛文件要求，到准备竞赛材料包括教学方案的设计、修订完善和视频录制，都需要参赛老师反复斟酌、思考和反复打磨，与团队教师讨论、修改完善、交流切磋，这种融集体力量共同研讨，既达到相互交流，共同提高的目的，又发挥了有经验老教师的传、帮、带作用。因此，教师参加职业能力竞赛的过程，就是一个不断反思、修正和完善的过程，就是职业能力不断提升的过程。

目前，湖南省除职业院校技能竞赛教师职业能力竞赛外，教育行政部门还组织了相应的一些单项比赛，如心理健康课件制作大赛、体育课堂教学竞赛等，这些都对提升教师职业能力大有裨益。

四、积极提升数学文化素养

教师是教育教学的前提条件与重要基础，只有理论知识扎实、文化修养高、实践经验丰富等的教师，才更有可能确保教学的质量与教学的成效。高职数学文化教育理念在数学教育中的融入，为高职院校数学教师的文化素养提供了更高的标准与要求，即教师不但要具备正确的数学观与教育观，而且还要具备专业的、扎实的数学素养。所以，高职数学教师必须在课余时间加强自身的数学文化学习，比如多学习数学史、方法论、教育哲学、思维逻辑等方面的知识，强化自身的数学教育理论功底与书写文化素养。同时，高职数学教师还可以学习借鉴部分名校或者名师的教学案例，从各方面深入领会数学文化的内在含义。高职院校数学教师不断加强自身文化修养的目的是更好地将数学文化融入数学教育之中，实现学生数学知识与文化素质的全面提升。

高职院校应该给教师提供进修的机会，在不影响正常教学的情况下分批次地组织教师培训工作，向教师普及数学文化的内涵，传授教师先进的教学方法，更新教师的知识体系，提高教师的教学水平。除此之外，高职院校还可以定期组织交流会和研讨会，鼓励广大教师畅所欲言，交换教学经验，并将数学教学中遇到的问题共同探讨解决，防范类似问题的再次发生，那么高职数学课堂必然会焕发出新的气象。

五、树立现代化的教育理念，创新数学教学模式

提升高职院校数学教学质量的首要任务就是转变其落后的教学理念。教师在数学教学过程中，要改变以往只重视数学知识传授的现象，重视数学的文化教育功能，将数学教育看作一个完整的文化体系，将数学教育纳入广阔的、深刻的文化背景中去讲授，注重数学知识与社会生活的联系，比如，从现实生活中搜集与课堂内容紧密相连的数学观念、方法、知识与思想等，让学生对所学的数学知识的文化内涵有所了解。数学文化在高职数学教学中的融入，是改变传统的数学教学思想的重中之重，只有现代化的数学文化教育理念才能够培养出适应社会实际需要的数学领域的人才。

实际上，数学是一门趣味性极强的学科，可是传统教学观念束缚了教师的教学思想，制约了高职数学教育的改革和创新，而数学文化的应用给数学教育的改革提供了新的思路，教师可以精选几名数学家的生活趣事讲解给学生，让学生感受到原来他们也和普通人一样，只不过在研究数学的道路上付出了更多的努力，让学生知道要想在学习和工作上取得傲人的成绩，必须要加倍付出，以消除学生不劳而获的思想，锤炼学生的意志，培养学生具有积极的学习态度。并在实际的学习过程中注重将数学知识与生活相结合，为了提高学生的学习兴趣，可以适当采取多媒体技术及互联网平台等新的教学方法，并结合案例教学、项目教学及小组讨论等多元化的模式，深入地运用在数学课堂学习中。引入反映数学家和数学史的专题纪录片及影视作品，将对数学文化的体验与个人成长密切联系，使学生更好地理解数学文化意蕴，让数学学习过程变得生动而丰富多彩。

数学源自生活，我们的日常生活中处处都有数学，因此，数学教育应该与实际生活紧密相连，并最终引导学生应用于现实生活之中。高职院校数学教师要突破传统单一的教学方式，在教学过程中有意识地引导学生运用数学思想思考现实生活中一系列问题的能力，通过利用学生日常生活中所熟悉的事例，激发学生对数学的真正兴趣，发现生活中存在的各种各样的数学问题，应用数学知识对实际问题进行分析与解决，促使其进行探究性的学习。高职数学教师在教学过程中，要尊重学生的主体地位，让其参与到数学的教学之中，

帮助学生发现问题、分析问题与解决问题，促使其不但能够掌握所学的数学知识，而且可以对所学内容背后的文化知识有着深刻的认知与了解。教学方式的丰富化与多样化，不但有利于数学教学内容的顺利完成，而且能够提升学生的数学综合素养，进而为国家输送更为专业的、高素养的数学人才。

数学不单单是一门科学类语言，还是一种思想方法与思维工具，更是人类社会文明的一个重要组成部分。所以，当前的高职数学教育理念必须转变，全面地认识数学教育的功能与价值，注重数学文化的融入与传授。数学文化在高职数学教学中的融入，不但可以让学生体会到数学文化所具有的独特魅力，而且能够使其积极主动地接受数学文化的熏陶与感染。作为高职数学教师，更应该对数学文化的教育意义进行深入的探究，并将数学文化科学有效地融入数学教学之中，让学生真正领悟数学的内涵。

六、建立激励制度和考核制度

激发教师内在动力是教师职业能力发展的关键，建立一套激励性制度为教师职业能力发展提供强有力的制度性保障。建立教师准入制度，新入职教师要参加相应培训和试讲，试讲通过才能上岗，要联系一位导师进行指导，指导期内要完成相应的任务，要参与企业生产或在实验室承担实践教学任务至少半年。教师参加培训情况、青年导师制实施情况、课堂教学情况、职业能力竞赛情况、企业顶岗实践情况等纳入教师职称评审制度和教师考核制度，作为教师职称晋升和绩效考核的条件和依据，不断激发和调动教师提升自身职业能力的积极性。

第四节　职业能力竞赛对教师教学能力提升的作用

教师职业能力竞赛是教师自我提升的重要载体和平台。参与竞赛，通过同行、评委专家的指导和建议，教师不断进行反思、总结和完善，从而在过程中锻炼，在过程中成长。通过竞赛，能有效促进教师的教学设计能力、教学组织与实施能力、教学评价能力的提升，有助于教师的共享学习交流。

一、促进教师教学设计能力提高

教学设计能力是教师教学能力的重要部分，是教师基本功的外在体现，教学设计能力往往体现着教师的教学素养。竞赛对教师教学设计能力的提升主要归功于三个要素及它们之间的相互作用，即教师的反思内化、同行经验的传递和专家评委的评点。教师要设计教学，要考虑一系列的因素，包括教学对象的认知规律、成长规律和教育规律、教学资源条件、教学内容的优化、课堂的组织和实施、教学活动的设计、教学方法的选取、教学评价等方方面面，通过对这些因素进行全面综合考置，再进行有针对性的设计。在这个过程当中，会促进教师的智能结构变化，逐渐积淀为教师的思想、理念和经验，从而使得教师的教学能力得到发展。专家的点评和指导是促进教师教学能力提升的关键要素。这些意见对教师的成长是极为重要的，通过对这些意见的吸收，会促进教师自身智能结构的转变。教师会进一步完善自身的教学理念、思想和方式方法等，促进经验的进一步的丰富和沉淀。

二、提升教师教学组织与实施能力

教学组织能力是教师在教学中根据教学特点、教学对象、教材内容、实训场地、教学目标等进行合理安排的综合能力，事关教学任务的落实、教学质量的评估，在培养高素质人才中具有举足轻重的地位。实施者具备这种能力，就能很好地组织教学内容、安排教学活动，从而保证教学过程的顺利进行。在教师职业能力竞赛中，参赛教师根据专家点评提出的教学设计中的优缺点及改进措施，依据评价标准对教学设计进行修改，使自己的教学理念、教学手段不断提升，而实施效果的反馈为参赛教师呈现的现有教学设计效果与预期效果之间的差距，可以看到教师赛前教学组织和赛后教学组织有了本质的变化。

通过竞赛促进了教师教学理念的转变，对教学的组织实施更加系统、更加科学。将课堂教学和课外学习构成一个统一体，把课外学生的自主学习纳入课堂教学，作为课堂教学的辅助与外延。而传统的教学组织将课外和课堂教学两者割裂开来，缺乏联系。通过竞赛，教师能更好地把握整个教学，把整个教学过程实施组织分为课前自主学习、课中教学实施、课外拓展延伸三个阶段。整个教学实施过程重在培养学生的自主学习、团队合作、探究创新的能力，让学生完成从"我学会"到"我会学"的转变。

三、提升教学评价能力

教师教学评价能力的提升体现在设计多样的评价方法、细化评价项目、关注学生职业核心能力提升三方面。如以往评价只有教师单方面进行成果评价，现增加了学生自评、小组评价、学生互评的环节，进行组织，监督，引导，判断，既关注学生的知识技能发展，又关注学生职业核心能力发展。这样就能促进教学考核评价科学多元、方式多样有效，注重考核与评价全过程的信息采集，注重教与学全过程行为数据的采集、分析和应用。

四、有助于教师的共享学习交流

教学学术的新颖之处，主要不在于它强调教师个体从事教学研究的重要性，而是在于强调"教学共同体"的重要性。博耶认为，只有将教学从"个人财产"转变为"共同体财产"，教学工作才能真正获得学术界的认可。教学竞赛某种程度上其实就是教学共同体，它把课堂教学由个人财产变成了可以大家共享的共同财富。它是高校教师教学技能技巧和教学方法的交流平台，聚集了各个高校、各个专业的教师精英，竞赛课程的覆盖面也很广，每个选手都有自己独特的教学方法、教学风格等，呈现出百花齐放、百家争鸣的学习交流状态。它可以将各高校教师在课堂教学改革中好的经验分享出来，教师可以在竞赛这个教学共同体中进行切磋交流，共享教学竞赛带给教学能力的冲击和碰撞。教师们通过教学竞赛的学习交流，不仅吸取彼此先进的教学理念和精湛的教学艺术，对照发现自身教学能力与水平不足的地方等，还会促使教师结合自己的实际教学进行反思体悟，创生出更多自己个性化的教学技能技巧及教学学术成果，丰富他们的教学经验。特别是青年教师，可以改善他们因实际教学经验不足而带来的缺陷，进一步提高青年教师的教学能力和教学水平，从而提高学校的整体师资水平。

五、有助于高校发现人才、培养人才

教学竞赛不仅能激励教师热爱教学，为教师提供展示平台，还能促使学校重视对青年教师的培养，在竞赛中发现人才，从而培养并构建适应学校发展的师资队伍。三尺讲台令无数英雄竞折腰，教学竞赛作为一个竞争交流的平台，有时结果固然残酷，但对于高校而言，确实机遇与挑战并存。高校可以在这类大型的教学活动中锻炼提升教师的教学能力，教师在教学竞赛中，接受来自不同学科专家和同行教师的评价，从而获得一定的评价结果，通过评价结果的分析，高校可以发现自己的优秀人才或潜力股，为后续学校教师队伍的建设和发展提供参考和榜样示范；同时也会真正检验自己学校教师的教学能力和教学水平，让高校意识到自己学校教师的差距，痛定思痛，从教学竞赛中吸取其他高校的精华，结合自己的实际教学，制订符合自身教师教学能力提升的培养方案，提升教师的教学能力，建设适合自身高校校情、学情的师资队伍，进而带动高校教学质量的提升。

第五节 数学建模竞赛的高职大学生创新能力培养

数学建模竞赛作为全国高校规模最大的基础性学科竞赛，已成为学生实践和创新能力培养和检验的重要平台。文章分析高职学生创新能力培养现状，探讨数学建模竞赛对高职学生创新能力培养的促进作用，指出基于数学建模竞赛的创新能力培养措施：建立长效的竞赛运行机制，建立优秀的竞赛教师队伍，创建多渠道的学习平台。

数学建模竞赛能促进学生理论知识与实践应用的融会贯通，提升学生的创新意识和创新思维。因此，高职院校重视数学建模竞赛对学生创新能力培养的促进作用，充分发挥数学建模竞赛在创新人才培养方面的引领、示范作用，具有重要的现实意义。

一、高职学生创新能力培养现状

（一）部分学生认识不够，缺乏创新意识

当前，一些高职学生存在文化基础薄弱的现象，容易在思想上否定自己，认为创新与他们无关。还有部分高职学生的人生奋斗目标定位于顺利毕业找个好工作，在学习上动力不足，被动接受知识，缺乏主动积极的思考，创新意识淡薄。

（二）部分高职院校偏重培养学生技能，容易忽视学生创新思维训练

一些高职院校以就业为导向，更注重学生技能的培养，缺乏系统的创新思维培养体系。在教学模式上，部分高职院校容易陷入单纯理论知识的传授和机械的技能培养，缺少各种基本思维方式的训练，使得学生独立分析问题、解决问题的实践较少。

二、数学建模竞赛在高职数学教学中的重要性

在高职数学教学过程中有效地运用数学建模竞赛是推进现代化数学教学发展的一项重要内容，其对于学校教学理念的转变、加强数学教学内容方法的改革、构建专业化数学教师团队的发展以及深化学生科技活动的创新具有重要意义。

（一）推进高职数学教学理念的转变

随着社会化分工的精细化以及高职学校自身的发展，现在的高等职业技术学校不同于一般的高中教学，其教学任务重在培养面向生产、建设、管理、服务等一线的高技能型的人才，教学的核心在于提高学生的实际处理问题的能力以及创新能力。其中在高职学校数学教学过程中，其最终的目标就是要培养学生对于数学的具体实践意识、动手能力以及具有开创性的活动能力，在新时期对于高职数学专业的学生提出新理念和要求的情况下，在数学教学过程中引进"数学建模竞赛"这一活动，完全突破了传统的重理论教学的数学教学模式，取而代之的是以数学的实际应用能力为核心的数学教学理念。具体来说，数学建模竞赛在教学活动中的有效解决能够让这些学生充分认识到将知识学以致用的目的，与此同时，通过对数学建模竞赛问题的解决可以激发学生对于以后就业、创业的信心和提高这些学生处理问题的逻辑思维能力。可以说，在运用了数学建模竞赛课堂的数学教学中，那些高职学生的数学思维能力会有一定程度的提高，其对于高职学生学习数学应该掌握的应用知识以及具体的学习思路都会有很大程度的改变，在通过参加数学建模竞赛的过程中逐渐地转变自身对于数学学习的理念，进一步提高学生对于数学学习的具体应用能力。

（二）加强高职数学教学内容、方法的改革

数学建模竞赛的发展使其更加具有生活性，通常情况下，数学建模竞赛中的内容都是来自现实中的工程技术以及在管理科学实践过程出现的具体问题，随着数学建模体系和规模的发展，现在的这些竞赛中所涉及的试题质量更加真实、范围幅度也更大。从高职数学本身的属性来说，对于基本数学知识的掌握是最基础的，只有这样才能为后期专业课程以及实际问题的解决提供良好的支持。而数学建模竞赛的内容正好是来自各个不同的学科，只是通过相关的处理之后转化为了数学问题，那么这些高职学生在处理这些建模竞赛中的具体问题时，无外乎通过三种情况对数学进行建模：根据具体数据变化趋势对其进行整合；把在导数应用中所求得的极大值或者极小值作为最优化方法；通过使用一阶微分方程建立简化的数学模型。不难发现，这些对数学进行建模的内容和方法也是在今后的数学实践处理过程中，需要经常用到的知识，但是在原来高职学校数学教学的过程中，通过数学建模竞赛就已经把这些知识贯穿到其教学活动中，其不仅能提高高职数学教学内容的质量，而且也为这些学生学习和应用具体的数学知识提供了更好的方法，可以有效地促进高职数学教育事业的发展。

（三）构建专业化数学教师团队的发展

从目前数学建模竞赛中所包含的题目来看，有很多赛题都是来自实践生活中的科研活动，这种选题的方式，一方面提高了数学建模竞赛的真实性和有效性，另一方面也在一定程度上为高职数学教学的教师带来了挑战，在这种情况下，这些教师不仅必须不断地更新自身的知识库，还要对数学建模的方式以及相关软件的应用进行学习和应用，才能对高职学生数学知识的学习进行指导。具体来说，融入了数学建模竞赛的数学教学模式，其数学教师在教学的实践过程中由原来的知识讲解转变为教学具体活动的引导者，他们在进行具体课程的教学之前，必须对其教学任务和教学内容录制成为"微课"或者"慕课"的形式，从而为学生学习数学建模的知识提供更多更好的机会，但这也使得这些教师必须对这些内容进行专业化的理解和体会，从而转化为更易让学生学懂的各种学习内容和具体的学习形式。与此同时，在进行数学教学的课程上，这些教师还要为学生解决数学建模竞赛中遇到的问题进行答疑，构建一种具有研讨氛围的课堂模式；在课后，相关的数学教师也要为学生布置或者引导学生解决一些项目任务，形成课前、课中、课后一体化的引导体系，其中通过有效数学建模竞赛这一载体，为专业化的数学教师队伍的培养提供了有效的平台。

（四）促进学生科技活动创新性的进行

一般情况下，对于数学建模竞赛中那些来自实践生活中、工业以及其他行业中的具体问题，都要求高职学生在限定的时间内提出具体解决的方案和途径，时间通常情况下是三天，因为时间比较短，很多时候学生想到的很多其他的想法并不能统一付诸实践，所以，

可以把数学建模竞赛作为数学教学课后继续学习研究的课题，这对于高职学生进行创新性活动具有重要的推动作用。从近几年高职学校参加数学建模竞赛人数的变化来看，其数量逐年获得了增加，而且其获得的成绩也有了一定的提高，这些参加过数学建模竞赛的高职学生一般都已经具备了不同程度的科研意识和创新意识，在此基础上，在高职学校通过开展高职科技创新项目活动，可以更进一步地探索和挖掘这些高职学生的创新才能，与此同时，通过拓展数学建模其他相关活动的进行，如，构建第二课堂、开展数学建模讲座、组织数学建模培训班以及构建数学建模的具体方式等活动，都可以推动数学建模竞赛在高职数学教学中的应用价值，进一步促进这些高职学校学生对创新性科技活动的积极性和创新成果。

在高职数学教学过程中，引入数学建模竞赛是顺应现代高职学校数学教学发展的需要，通过对数学建模竞赛进行有效的运用，不仅可以提高学生学习数学知识的各种能力，而且对于高职数学教学的改革以及专业化教师队伍的建设都有很重要的意义。

三、数学建模竞赛对高职学生创新能力培养的促进作用

（一）促进学生创新思维的培养

数学建模竞赛，为高职学生创新思维培养提供了途径。数学建模竞赛的题目源自实际，需要提交一篇论文，以解决竞赛提出的问题。在整个建模的过程中，没有标准答案，没有固定方法，力求合理，鼓励创新。首先，学生需要在赛前培训中广泛积累知识，学习各种数学建模方法和数学软件知识，养成数学思维方式。其次，建立数学模型的过程是最能培养学生创新能力的环节。不同的假设，不同的角度，不同的方法，得到的结果就不尽相同。这种开放性的问题对学生创新思维的培养是一个最佳的途径。数学建模竞赛的过程，是学生内化知识的外显过程，需要学生不断思考，不断学习，创造出解决实际问题的数学模型。经历过知识的吸收—应用—创造过程，学生的创新思维能力会得到明显提升。因此，数学建模竞赛是培养高职学生创新思维能力的有效途径。

（二）促进学生创新人格的培养

创新人格是创造性活动的动力因素，它包括创新动机、创新态度及创新意志等。具体体现在高职学生身上，就是勤奋积极的学习态度，不怕困难的探索精神，良好的沟通合作能力，等等。首先，数学建模竞赛能培养学生良好的学习品质。参加数学建模竞赛需要储备大量的数学知识和计算机编程知识，这些知识在高职课堂中很难接触到，这就需要学生勤奋进取、积极钻研。其次，数学建模竞赛能培养学生的团队协作精神，提高沟通能力。竞赛由三人组成一个团队，在规定的时间内完成模型分析、建立、求解，最后形成一篇科技论文。这对于高职学生来说，难度是比较大的，单靠一个人是很难完成的，需要团队成员相互合作，思维碰撞，沟通交流。再次，数学建模竞赛能磨炼学生的意志。漫长的竞赛

培训时间和三天三夜的比赛时间，对学生的生理和心理都是巨大的挑战，只有不怕吃苦、不怕困难、勇于探索的学生才能坚持下来。

（三）促进学生创新实践能力的培养

学生的创新思维要结出创新成果，离不开实践环节。数学建模竞赛需要学生将理论知识与实际问题相结合，亲自去实践和解决具体问题，并用自己的头脑去思考，用自己的双手去操作。而且通过数学建模竞赛，学生的数学应用能力、计算机操作能力和科技论文写作能力都得到了培养和提高。

四、基于数学建模竞赛的创新能力培养措施

（一）建立长效的竞赛运行机制

建立良好的运行机制，能够使数学建模竞赛工作变得有序。数学建模竞赛包括三个阶段，即赛前培训阶段、竞赛阶段和赛后研究阶段，彼此相互联系。在每年的 3 月份开设数学建模与数学实验选修课。4 月份进行校内数学应用知识竞赛，5 月到 8 月利用周末和暑假进行专题培训，9 月份参加全国比赛，12 月份进行赛题后续研究，次年 3 月申报创新创业训练计划项目。整个流程下来，能保证竞赛的成效以及学生培养的连续性和长期性。

（二）建立优秀的竞赛教师队伍

学生创新能力的培养离不开优秀的教师队伍，教师的能力和素质直接影响学生培养的效果。首先，教师要负责优化数学建模培训内容，构建专题化教学体系。在培训过程中，教师要根据学生的实际情况，选择难易适度的数学建模问题，形成专题化的教学案例。其次，教师要研究有效的竞赛教学方法。教师可采用灵活多样的教学方法，变讲授式教学为探究式学习，让学生通过自由思考、查阅资料、动手实验等途径去独立探究，进而加强自身创新意识、创新思维与应用能力的培养。

（三）创建多渠道的学习平台

高职学生每年参加数学建模竞赛的人数有限，很大一部分原因是他们对数学建模竞赛不了解，这就需要教师做好宣传工作。如高职院校可以成立校级数学建模协会，为广大数学爱好者提供展示个人能力的舞台。其次，高职院校可以创建一个持久的数学建模网络平台，集在线学习、资源共享、模拟比赛、交流互动于一体。再次，高职院校可结合本校的实际情况，开放数学建模实验室，为学生提供必要的硬件条件。通过创建多渠道的学习平台，学生会积极参与到数学建模竞赛中来。

总之，数学建模竞赛作为高职学生创新能力培养和检验的重要途径，日益受到广大师生和更多高职院校的认同。数学建模竞赛培养了学生的创新意识、创新思维和创新精神。

因此，高职院校要在制度上做好保障，在师资上做好储备，在平台上做好建设，充分发挥数学建模竞赛对高职学生创新能力培养的促进作用，进而促进学生成长成才。

参考文献

[1] 鲍红梅，徐新丽. 数学文化研究与大学数学教学 [M]. 苏州：苏州大学出版社，2015.

[2] 蔡湘文，付文芳. 高职数学与数学文化教程 [M]. 西安：西北工业大学出版社，2018.

[3] 邓光. 数学应用技术 [M]. 上海：同济大学出版社，2017.

[4] 董毅. 数学思想与数学文化 [M]. 合肥：安徽大学出版社，2012.

[5] 葛斌华，梁超，武修文. 数学文化漫谈 [M]. 北京：经济科学出版社，2009.

[6] 顾泠沅，张维忠. 数学教育中的数学文化 [M]. 上海：上海教育出版社，2011.

[7] 胡炳生，陈克胜. 数学文化概论 [M]. 合肥：安徽人民出版社，2006.

[8] 康永强，李宏远. 经济数学与数学文化 [M]. 北京：清华大学出版社，2011.

[9] 李全文，王晓琼，朱立平. 高职教育热点问题探讨 [M]. 成都：电子科技大学出版社，2015.

[10] 李永刚. 新时期高职专业人才培养工作的探索与实践 [M]. 西安：西北大学出版社，2009.

[11] 刘华丽. 数学思想与数学文化 [M]. 西安：西安交通大学出版社，2017.

[12] 刘培杰. 数学奥林匹克与数学文化 [M]. 哈尔滨：哈尔滨工业大学出版社，2010.

[13] 潘建辉，李玲. 数学文化与欣赏 [M]. 北京：北京理工大学出版社，2012.

[14] 裴昌萍，晏惠琴. 高职数学 [M]. 成都：电子科技大学出版社，2017.

[15] 彭康青. 数学游戏与数学文化 [M]. 成都：西南交通大学出版社，2019.

[16] 齐民友. 数学与文化 [M]. 长沙：湖南教育出版社，1991.

[17] 宋立温. 高职数学教学研究 [M]. 沈阳：白山出版社，2008.

[18] 孙勇. 高职数学核心能力探究 [M]. 合肥：中国科学技术大学出版社，2011.

[19] 汪晓勤. 数学文化透视 [M]. 上海：上海科学技术出版社，2013.

[20] 王宪昌，刘鹏飞，耿鑫彪. 数学文化概论 [M]. 北京：科学出版社，2010.

[21] 邢妍. 数学文化的应用与实践 [M]. 成都：西南交通大学出版社，2010.

[22] 幸克坚. 数学文化与基础教育课程改革 [M]. 重庆：西南师范大学出版社，2006.

[23] 郑隆炘．数学方法论与数学文化专题探析 [M].武汉：华中科技大学出版社，2013.

[24] 朱焕桃．数学建模教育融入高职数学课程的分析与实践 [M].北京：北京理工大学出版社，2013.

[25] 朱焕桃．数学文化融入高职数学教学的研究与实践 [M].北京：中国纺织出版社，2019.

[26] 邹庭荣．数学文化欣赏 [M].武汉：武汉大学出版社，2007.